好家风，就是要有仪式感

李思博 著

北京理工大学出版社
BEIJING INSTITUTE OF TECHNOLOGY PRESS

图书在版编目（CIP）数据

好家风，就是要有仪式感 / 李思博著. —北京：北京理工大学出版社, 2018.12

ISBN 978-7-5682-5844-9

Ⅰ.①好… Ⅱ.①李… Ⅲ.①家庭道德—中国—通俗读物 Ⅳ.①B823.1-49

中国版本图书馆CIP数据核字（2018）第148652号

出版发行 / 北京理工大学出版社有限责任公司
社　　址 / 北京市海淀区中关村南大街 5 号
邮　　编 / 100081
电　　话 / （010）68914775（总编室）
（010）82562903（教材售后服务热线）
（010）68948351（其他图书服务热线）
网　　址 / http: //www.bitpress.com.cn
经　　销 / 全国各地新华书店
印　　刷 / 三河市金元印装有限公司
开　　本 / 710 毫米 × 1000 毫米　1/16
印　　张 / 16
字　　数 / 198千字
版　　次 / 2018 年 12 月第 1 版　2018 年 12 月第 1 次印刷
定　　价 / 42.00元

责任编辑 / 高　芳
文案编辑 / 王晓莉
责任校对 / 黄拾三
责任印制 / 施胜娟

图书出现印装质量问题，请拨打售后服务热线，本社负责调换

CONTENTS [目录]

CONTENTS

贰

成长瞬间：

每一刻，都意义非凡

叁 人际交往：我的爱与尊重，让你都感受到

CONTENTS

肆 经典传承：领会传统文化精髓的魅力

伍 文化魅力：灵魂休憩的地方

序

好的家风，一定充满仪式感

❖这个时代的家风，一定与家人的幸福感相连

当我们走进一个开始关注个人幸福感的时代，家庭——这个社会的基本单元——一定会成为关注的重点。因为这是一个人成长和生活的重要背景。个人的喜怒哀乐往往和家庭息息相关。而家风，也再次成为人们对于家庭描述的关键词。

然而，这个时代的家风是什么？仍然是挂在祠堂里的规矩、祖先留下的劝诫吗？当然不是。今天家庭的构成，已然和中国古代家风盛行的时代里的那些家族，有了很多不同。在古代，个人的成就往往是为某个姓氏带来荣耀的一行注解而已，而今天，个人所追求的更多是自我的实现，而不是门楣的耀目。

所以，如果说古代的家风更多的是对家庭成员的人生指导，那么今天的家风，更多是对家庭成员尤其是孩子成长所需的充满爱的滋养。当然，并不是所有的父母都意识到了这一点，他们的期待，仍然深深影响

家庭教育的取向，仍然决定着孩子的幸福感。

知乎上发起了一个很有争议的话题：

“家长是不是很难接受自己孩子的平庸？”

有很多家长分享自己的故事、想法和见解，育儿大V们也纷纷各抒己见。在回答中不难看出，的确有些家长很难接受自己的孩子平庸，他们很害怕孩子成年后无法拥有一定的生活水准和人格尊严，于是他们驱动孩子参与那些残酷的起跑线竞争。

还有一些家长希望孩子通过教育和努力来越过现有的阶层，他们认可培养精英孩子，甚至把孩子当作产品来制作，力图完美。在孩子4岁的时候请外教一对一练习纯正的英语；孩子想鉴赏某幅世界名画，家长就带着孩子出现在欧洲博物馆里；孩子要学马术，仅仅入门级装备就需要万余元，家长觉得这个运动太贵族了，必须支持；德累斯顿国家管弦乐团一定要听，没有比这更高雅的了，一定要正装出席并正襟危坐地去听。这些家长们认为，你看，我给了孩子最好的教育、宽广的视野、精致的生活品位，他们将来不会沦为平庸，一定会成为优秀的人。

有趣的是，还有个不起眼的相关问题却无人问津：

“家长希望自己的孩子过得平庸却幸福快乐吗？”

有些家长内心深处的潜意识认为，平庸的人生还有什么幸福、快乐可言？

不，亲爱的家长，你的思维犯了两个错误：第一，孩子绝对不是你的产品，他是你人生中最珍贵的伙伴，千万不要把自己的人生目标和生活标准强加于他。第二，幸福快乐的人生和你给孩子的教育模式无关。

并不是好的教育、精致的生活就能让人感到幸福和快乐。真正的幸福是陪伴孩子成长，让孩子身体健康，学会爱和被爱，勇于面对挑战并具有正义感，真正用庄重认真的态度生活，对待成长中的失败和挫折不屈不挠，能自控人生的节奏，了解生命的规律，遵循自己内心去思考和呼吸。

有人会笑，生活就是柴米油盐酱醋茶，哪有那么多幸福快乐可言？不，亲爱的，功利蒙蔽你发现美的眼睛了，生活本身蕴含着丰富的体验。只要我们赋予某一天、某一个时刻、某一个场景一个特殊的意义，那么，我们就会收获不同的体验，我们就会感受到生活的真谛。

❖通过仪式感，让幸福感归于生活本身

所以，为了家庭成员的幸福，为了孩子的幸福，家风在当代已经被赋予了新的使命。或许，可以这么说，家风是一个家庭对于世界观、人生观、价值观的呈现。而好的家风，一定是让幸福回归生活本身的意义，而不是寄托于多么高的成就、多么耀眼的结果，更不是开什么车、住什么房、戴什么表。

那么，如何让生活回归本身的意义？——可以通过仪式感获得。一个好的家风，会通过各种仪式感，让成长在这个家庭里的孩子对这个世界有更好的认识，对自己的人生有结合自身喜好和适应社会的目标，而且在面对各种选择时，有更清晰的原则和依据。

我们可以帮助孩子通过一些意识，来更清楚地感受生活。每个仪

式，无论大小，从心理学上来看，都有着各自的意义。大仪式代表的是迈过现在，走向未来；小仪式代表的是一种心理锚定，即把一种行为与自己的某种感觉结合起来。仪式代表一种对自己的人生的控制感——感受到自己的力量。有了这种仪式，生活就会变得很有趣，某一天与其他日子不同，使某一时刻与其他时刻不同。有了这种不同，孩子就会拥有别样的快乐记忆和丰盈的生命力。这无关金钱，无关精力，只在于你用心对待生活，用心陪伴孩子的成长。

❖好家风，让孩子在仪式感里得到最好的滋养

那，什么是仪式感呢？

电影《小王子》里的狐狸对小王子说："你最好在每天相同的时间来，比如你在下午四点钟来，那么从三点钟起，我就开始感到幸福。时间越临近，我就感到越幸福。到了四点钟我就会坐立不安，如果你随便什么时候来，我就不知道在什么时间准备我的心情。"

所以说，仪式感是生活的表达。让孩子用庄重认真的态度对待生活，可以获得幸福。

仪式感也可以说是舞蹈。正如尼采所言："任何不曾起舞的日子，都是对生命的辜负。"

仪式感的生活可以给孩子强烈的心理暗示，让孩子觉得这件事非常重要，珍惜某种情感，学会用哪种形式去表达爱。经过了仪式感的生活，你就会发现，你的孩子渐渐地拥有了一定的自控能力和庄敬的修

养，能自觉遵守自然和生命的法则，专注自己的目标，让自己变得强大，对斑斓生活充满追寻的勇气，期望实现人生更高的自我价值。这些，才会带给孩子们真正的幸福，让他们拥有快乐的人生。

所以，请给孩子一种仪式感的生活，它相当于一个成长的按钮，让他每天都有一个明快的开始，给他的生命之幕投以希望幸福的星光。

每个孩子在成长过程中都需要仪式感。生活中的仪式感和惊喜，会使孩子们感受到被幸福包围着。一个个仪式就相当于他们人生的一个个节点，能强化孩子对这些特殊时刻的幸福记忆。一个内心充满幸福的孩子，一定是个热爱生活的孩子。我们说的仪式感既可以很大，也可以很小。

可以是睡前的一句“晚安”；

可以是起床时的一个亲吻;

可以是节日、生日时的一张合照……

走心就好，温暖就好。

在有仪式感的家庭成长的孩子，对自我的认同感会更强，归属感也会更强，感受幸福的能力也会更强。

就让我们一起，来学习如何为孩子的生活增加一些仪式感吧。

壹

传统节日：
深情回望，感受生命的传承

元旦

教孩子学会告别过去，迎接新的生活

亲爱的宝贝：元旦是公历新年，是我们和昨天温情道别的日子。开始了新的成长，代表着拥有了新的365个日夜，新年快乐，获得更好的自己，不是祝福，应该是目标和承诺。

有孩子问："妈妈，元旦也是新年，有压岁钱吗？"

"元旦没有压岁钱，春节才有。"

"为什么？新年和春节有什么区别呢？"

"区别很大啊！春节是中国人的传统节日，而元旦是公历新一年的第一天。"

在我们古代，中国推算时间是根据月亮的变化，所采用的历法被称为阴历或农历。按照中国的阴历，每年的正月初一开始为新年。而西方是根据太阳的变化推算日子，叫作阳历，也就是世界通用的公历。1912年1月1日，"中华民国"正式成立，孙中山先生把"中华民国"的国号简称为中国，就任临时大总统宣誓时，以“中华民国元年元旦”为结尾，于是元旦成了新年，新中国成立后沿用了阳历。为了区别农历和阳历两个新年，把农历正月初一改称为“春节”，阳历一月一日定为“元旦”。作为公历新年的第一天，元旦成了中国人的一个重要节日。

世界上大多数国家使用公历，所以很多国家都有过新年的习俗。不过因宗教信仰、历法不同，新年日期也有所不同。我们的邻国日本的新年是公历1月1日至1月3日，对于他们来说，新年是一年当中最重要的节日。到了新年，日本人要发年贺状，类似于我们的贺年卡；父母给孩子一些零花钱，同样类似于我们的压岁钱。日本新年早晨，全家喝屠苏酒，吃青鱼子、黑豆以及酱油煮小干鱼等，据说这些象征吉祥的食物会让子孙繁荣、身体健康。新年对于俄罗斯人来说是个可以狂欢三个星期的盛大节日，大多数俄罗斯人在新年里购买礼物，用枞树装饰房屋，添置各种饰物，举办热闹的家庭派对。在西班牙，当新年前一天半夜12点的钟声刚开始敲响，人们便争着吃葡萄，如果能按钟声吃下12颗，便象征着新年的每个月都一帆风顺。法国人从元旦前一天起开始狂欢，痛饮美酒，直到1月3日才终止。在元旦清晨，很多法国人上街看风向，如果天公作美，刮南风，预兆新的一年风调雨顺；如果刮北风，预示着粮食歉收。英国人元旦前一天，家家户户都必须有酒有肉；他们认为，如果没有余下的酒肉，第二年便会贫穷。除此之外，英国还流行新年“打井水”的风俗，人们都争相去打井水，认为第一个打水的人在新的一年会幸福顺利。意大利人对新年远比其他任何节日都要重视，当夜幕开始降临，人们纷纷涌向街头，燃爆竹放烟花，男男女女翩翩起舞，一直跳到深夜，这个时候，各家各户把家中一切可以打碎的破旧瓶瓶罐罐、盆碗碟盘乃至花盆、澡盆等扔出窗外，认为这样可以“扔掉”烦恼和厄运，以示吉祥如意，除旧迎新。

❖元旦：意味着告别过去和迎接新生活

美国民俗学家阿兰·邓迪斯曾经说过：“日常生活中，时间线性流逝，而节日就像这条直线上的刻度。有了度量，才有意义。”而公历新年对于中国人来说，并不是随着岁月一辈辈传承下来的节日，比起春节，似乎缺乏了一点点厚重和文化承载。于是我们很巧妙地赋予新年这个节日一个仪式感和意义，所以新年这个节日的意义就是告别过去和迎接新生活。

准确地说，“过去”是一个时间节点。每个人都有过去、现在和未来。现在我们所处时刻前的任意一个时刻或者时间段——昨天、前天、以前等——都是过去的一部分。如果过去的一年顺利且值得回味，我们在新的一年把过去的美好封存起来，开心地告别，带着爱和希望重新开始。如果过去存在着不如意和不完美，谁也无法改变自己的过去，但是让自己和孩子学会掌控现在对烦恼的感受，寻找过去逆境中的价值，在新年里迎接新的生活。

小仪式

1. **新年给自己的未来写一封信。**家长和孩子深入沟通对未来生活的希望，然后以信件的形式封存，投入到自己设定的小邮箱里，每到新的一年将去年的信件拿出来重新读一读，看一看去年的目标有没有完成，在新的一年确定新的理想生活。

2. **让孩子学会释放自己的不愉快**。在新的一年，家长和孩子可以把孩子不愉快的感受和事件写下来，做个告别。如果是比较小的孩子，家长不用担心孩子拼写是否正确，语句是否通顺，用词是否华美；我们的目的是在新年这个节点把过去的负面情绪倾泻出来，让孩子的负面情绪得到化解。如果不能正确消除，负面情绪会埋伏在潜意识中，影响孩子的性格和心理。

3. **用一个小小的期望迎接新生活**。齐佩尔说："人类的精髓，就是心愿和期望。"就像是一本书，旧页已翻去，新页将展开。我们和孩子都需要给过去画上一个句号，在新年里许一个小小的期望。这个期望不用太大，吃一顿美食，看一场电影甚至逛一次街，都可以。让我们带着期望迎接新的生活。

❖新年：给自己和孩子确定可行性强的目标

我们既可以利用新年来告别过去，也可以给新年赋予一个"开端"的意义，让新年成为自己生活的总结、期盼、规划和开辟未来的当口和端点。根据心理学一项研究，大多数人都会制定新年计划，确定新的目标。这些新年计划和目标其实是一种改造自我的心理暗示。千万别小瞧这心理暗示，积极的心理暗示是一种巨大的力量杠杆，能够撬动自己的小地球。

新年目标并不是我们现代人的专利，古巴比伦人在每年的开始向他们的神灵立誓：“认真偿还债务。”古罗马人会向长着两副面孔的雅努斯神许诺（这位神灵一副面孔在前，一副面孔在脑后；一副面孔看着过去，一副面孔看向未来），希望雅努斯神保佑他们事事顺利。现在大多数人的新年计划多涉及健康、财务、事业、教育、旅行、社交等。家长可以协助孩子制定新年计划和目标，这种计划和目标有利于个人成长和自我完善。

小仪式

1. **把孩子想做的事情当成目标。**每个家长都希望孩子在新的一年取得新的进步。但是首先你要知道你的孩子渴望什么。也许他渴望的是一个很酷的轮滑鞋，那么家长可以把目标定在轮滑鞋上。

2. **尝试5步做出新年计划。***Goal Express*作者吉姆·唯坦提出5个步骤做出新年计划。第一，鼓励孩子写下目标；第二，和孩子一起对目标进行具体化。第三，跟孩子一起讨论这份计划对他的生活造成的影响。第四，通过询问这3个问题来确定步骤。第五，用一些方法来检测整个计划的实施进展。

3. **给自己和孩子做一个信念计划桥。**告诉孩子这座桥连接着我们现在所处的位置和想达到的地方，按照目标激励自己和孩子一起去努力。

4. **学会和别人分享目标。**意大利作家弗兰克认为：计划和别人分享更容易坚持，分享的人既可以和你分享收益，也可以和你分享坚持。所以，父母和孩子可以分享彼此的目标，鼓励对方坚持完成。

❖新年：鼓励孩子过好每一天

微博上曾经有一段很暖心的新年祝愿：

愿生活里有热汤和甜食。背包里有纸、笔、书，书里故事如迷宫，迷宫通向海。沟通使误解消除，善意如星辰。枝头常有喜鹊歇脚，目明心亮。

这段新年祝愿其实在告诉我们：把每一天都过好，就是美好的一年。

鼓励孩子从今天开始，每一天都过的有仪式感，早晨起来微笑说早安或彼此拥抱，坚持翻几页课外书或者背一些英语单词，参加一个小时的户外活动，向老师和同学点头问好，培养自由宽广的胸襟，有属于自己的生活。

小仪式

1. **鼓励孩子养成写手账的习惯。**手账是把经历的生活记录下来的一种方式，可以包括每天的生活、计划、旅行记录、读书笔记、时间安排、学习知识等，比日记更完整明确，有利于孩子每一天的成长和蜕变。

2. **肯定孩子的小进步**。鼓励孩子把制定的目标细分成很多小目标。每次完成一个小目标，有一个小进步就享受一次成就感，可以积累孩子的自信心，做起事来事半功倍。

3. **不要忘记对孩子喝彩**。喝彩是一种特殊的糖果，孩子很喜欢被鼓励的感觉。家长及时发现和总结孩子们成长的道路上的每一个闪光点，并将自己对孩子的信任和信心不断向孩子正向传递，学会为孩子喝彩，对成长中的孩子们来说，无疑是最宝贵的前进动力。

春节

感受中华民族绵延不绝的传承

亲爱的宝贝：有个非常重要的节日，它蕴含着一个民族连绵不绝的历史和文化，凝聚着无数人的情感寄托，寄寓着新的生命情感与生活愿望。这个节日就是春节。

小侄女问妈妈：“妈妈，你小时候过年是什么样子的？”

“给你背一首歌谣吧，你就知道妈妈小时候是怎么过年的了：小孩儿小孩儿你别馋，过了腊八就是年；腊八粥，喝几天，哩哩啦啦二十三；二十三，糖瓜粘；二十四，扫房日；二十五，冻豆腐；二十六，炖猪肉；二十七，宰公鸡；二十八，把面发；二十九，蒸馒头；三十晚上熬一宿；初一、初二满街走。”

“听起来真的很有趣。现在过年好像跟平时差不多呢。”

“嗯。可能是爸爸妈妈做得不好，没有跟你好好讲讲以前的那些故事……”

春节是中国传统的农历新年，中华民族最隆重的节日。春节也称为新年、大年、新岁，老百姓常常称之为“过年”。一般的节日大多数有个具体的日子，但是春节并不是单指哪一天，从农历正月初一到正月十五，都算“过节”。而在古代，传统意义的春节从腊月的腊祭或腊月二十三四开始，一直到正月十九，比现在还要多些日子。

从腊月二十四就算进入过年的节奏了。民间有“扫尘”的习俗，“尘”与“陈”谐音，因此兼有除尘、除旧的意愿，把一切“穷运”“晦气”统统扫出门。这一习俗寄托着人们破旧立新的愿望和辞旧迎新的祈求。全家一起打扫房屋，清洗各种器具，擦洗锅碗，拆洗窗帘被褥，热热闹闹大扫除，弄得家里每个地方都干干净净，清清爽爽。腊月二十五要“接玉皇”。老百姓认为玉皇在这一天下界，察人间善恶，定来年祸福。这一天言语都要谨慎，博取玉皇欢心，盼着他降福来年。腊月二十六主要是筹备过年的肉食。古代农耕社会，人们往往在年节中才能吃到肉，所以被称为“割年肉”。腊月二十八张贴春联、年画之物。腊月二十九祭祖。除夕是指每年农历腊月的最后一天的晚上，“除夕”中的“除”字是“去，易，交替”的意思，除夕的意思是“月穷岁尽”，与正月初一首尾相连。在此期间活动都围绕着除旧迎新，消灾祈福。

在正月初一，民间大部分地方是不能动扫帚的，传说扫帚可能会带来厄运。北方在正月初二祭财神，女儿女婿要回到娘家，给岳父、岳母拜年。南方的大年初三的早上要贴“赤口”，写一些平安吉利的话，讨个好口彩。正月初四是神灵降临人间的日子，要供奉三牲、水果、酒茶等。民俗有“扔穷”的传统，把垃圾收集到一处。正月初五俗称破五，北方要吃水饺，南方人在正月初五迎财神。人们希望得到财神保佑，发家致富。正月初七被称为“人日”，大部分地方有吃面条的习俗，尤其是孩子，必须吃面条，寓意着用面条缠住双腿，健康长寿。到了正月十五元宵节，吃汤圆看花灯。

春节的起源有很多说法。有种说法是舜当了天子祭拜天地，从此人们把这一天当作岁首。还有的说“除夕”来源于先秦的“逐除”。到了汉朝，祭祖已经成为春节的重要习俗。魏晋南北朝时有个作家写了一本《风土记》，明确记载了除夕的晚上，大家相互赠送称“馈岁”，长幼聚欢称“分岁”，终岁不眠称“守岁”。唐朝的春节仪式和活动多了起来，并且非常有仪式感。无论官方和民间都要举行“驱傩”宗教仪式，驱逐恶鬼，在窗户上挂青色的春幡，从桃树上摘下枝条插在门上（唐朝人认为，桃枝可以辟邪驱鬼），然后贴上春书，类似于现在的春联，晚上吃团圆饭守岁。宋代人过年开始吃饺子，宋朝称饺子为“角子”，吃了饺子就要放爆竹。所以王安石的诗里写道：“爆竹声中一岁除，春风送暖入屠苏。千门万户曈曈日，总把新桃换旧符。”有意思的是，宋朝的春节假期非常长。《宋史·职官志》记载，自宋太宗即位以后，元日（春节）七天长，再后来宋朝的皇帝为了纪念自己重要的亲人，给官员各种加假，从腊月到正月，前前后后总计假期有二十八天。明朝的时候和现代的过年已经很接近。接灶神，贴门神，除夕守岁，正月初一早晨，全家一起拜天地祖先，正月十五赏花灯，走百病，祈祷在新的一年里无灾无咎。清朝非常重视过年，《红楼梦》里的昌明隆胜之邦、诗礼簪缨之族的贾府详细地描写清朝过年的全景：除夕举行隆重的祭祖仪式，阖家守岁，然后贾母等有品级的进宫朝贺，大年初一至正月十五主要是拜年、吃年酒。朋友亲戚，迎来送往，彼此互拜。到了正月十五办家宴，击鼓传花，吃元宵，热热闹闹，到了十七日才算过完年。

❖春节：尊重和保持传统文化的记忆

从古到今，春节的历史差不多有4 000多年。春节最初的含意来自农业，古时人们把谷的生长周期称为“年”。《说文·禾部》：“年，谷熟也。”它是农耕社会聪明的古人按照一年四季的规律，寒来暑往，秋收冬藏，逐渐演化出来的传统节日。春节是中国人追求的“天人合一”的体现，更是一种特殊的文化，形成一个民族的审美、思维甚至信仰。目前世界上没有其他任何一个国家或民族能郑重地对待一个节日，把任何活动、工作都停下来用差不多一个月时间庆祝这个节日，它承载着厚重的历史积淀，聚合着无数中国人的情感。

为什么现在的孩子觉得春节过得没有意思呢？

这是因为有人觉得很多春节的仪式特别烦琐，浪费时间，甚至毫无意义，所以将各种仪式简化或者抛弃了。这种抛弃仪式的做法和买椟还珠类似。春节各类仪式如送灶、除尘、祭祀祖先、天神地祇等，看似有些烦琐和讲究，其实这是以记忆的方式保存世世代代中国人的传统文化。这些仪式大多是人和天地、人和神灵、人和祖先、人和人的沟通和联系，越热闹越代表明年日子的红红火火，越团圆越代表着家庭的和谐安定，所以，家长千万不要放弃传统的各种仪式，在春节期间和孩子一起参与各类春节民俗，尊重和保留传统文化，鼓励他们具体细致地体验我们中华民族代代相传的文化沉淀的魅力，让孩子对传统文化保留一定的尊重和敬畏。

小仪式

1. **给孩子讲解特定节日的流程并鼓励孩子参与其中。**比如从“小年”开始，告诉他们什么是糖瓜粘、扫房日、煮大肉、宰只鸡、把面发、蒸馒头，剪窗花、放鞭炮、包饺子、守夜、团拜……每一天按照流程进行，让孩子知道，这些元素构成完整的过年，让孩子找到过年的感觉。

2. **和孩子一起贴春联。**春联是我国特有的文学形式。到了春节，为增加喜庆气氛，家家户户都要贴一幅大红春联。家长可以和孩子一起挑选一副春联，讲解春联的来历、平仄、音韵和对偶等文化内涵。

3. **了解春节的“食俗”。**民以食为天。对于孩子来说，玩耍和食物是最让他们感兴趣的，所以可以让孩子从他们感兴趣的美食入手，了解春节的饮食文化以及各地有趣的饮食习俗习惯，搜寻南方和北方春节饮食文化的区别。

❖春节：让家人团聚，体验情感聚合

春节还有一个非常重要的意义就是让我们和家人团聚，享受天伦之乐。中国人非常重视亲情，亲情源自血缘和养育，是天然的、不可替代的、维系生命的感情，所以大多数成年人生活和工作的目的，就是为了满足自己和家人的物质需求及精神需求，让一家人过得幸福快乐。这在心理学上来说，是一种生的本能和爱的本能，正是这种本能让我们人类一代一代不断繁衍。

辞旧迎新的春节就像一条纽带，通过家庭成员的团聚来分享成功，承担挫折，克服观念上的差异，构建共同的归属感。家庭成员情感上相互交融，心理上相互关怀，有利于个人情绪的疏导和宣泄，内心得到真正的安慰和认同，从而在今后的生活中相互支持，为了共同的愿望和追求一起努力。所以，春节就像是每个家庭一年一次的心理调试，让人们围绕着亲缘重新寻求自我和他人的关系，经营彼此的生活。

小仪式

1. **给长辈拜年**。正月初一早晨，晚辈起床后，向长辈拜年，祝福长辈健康长寿，万事如意。拜年是中国民间的传统习俗，是人们辞旧迎新、相互表达美好祝愿的一种方式。拜年的时间一般为正月初一至初五，腊月初八走亲访友多被视为拜早年，正月初五以后、十五之前走亲访友为拜晚年。早年和晚年都属避免遗憾的应急或补救性质。

2. **和家人在一起做一桌很有年味的饭菜**。每个人都可以展示自己的厨艺，孩子负责摆盘或制作冷盘，在这个过程中享受美好的亲情。

3. **一起翻看老照片**。在春节期间，一大家人围在一起，翻一翻过去的老照片，一同回忆过去有趣的事情，对长辈、父母、孩子来说都是值得纪念和非常幸福的时刻。

4. **和孩子一起守岁**。中国民间在除夕有守岁的习惯。俗名“熬年”。一家人坐在一起吃年夜饭，尽量不睡觉、迎候新年的到来，彼此说一些吉祥话。守岁的习俗，既有对过去一年的珍惜留恋，又有对即将来临的新年寄以的美好希望。

❖春节：守护孩子的文化根基，传承民族文化

现在有一个现象，一些孩子喜欢过热热闹闹圣诞节、感恩节，反而把春节仅仅当成一个长假。现代文明让整个世界文化相互融合，接受外来的异域文化，并没有什么错。不过，像日本及欧洲一些国家，在接受外国文化的同时，也十分重视守护和捍卫本民族的传统文化。所以，我们不能把春节简单地看作一个假期。春节包含着中国人对岁月的理解、对四季的诠释、对生命的感悟，等等。它甚至可以说是我们中国人的精神家园和根脉、特殊的历史文化遗产。现代人忘却自己节日的记忆就相当于遗弃自己的文化和文明，所以我们有责任让孩子过好自己的传统节日，触发文化意义上的深层感念。

小仪式

1. **参加一种或者几种民俗活动。**家长和孩子一起逛庙会，置办年货，参与祭祀活动和观看舞龙舞狮等表演，收获快乐，体会民俗活动中蕴含的文化深意，感受中华传统文化的魅力。

2. **和孩子一起包饺子。**饺子是中国一种古老的传统面食，距今已经有一千八百多年的历史，是北方大多数地区每年春节必须吃的年节食品。整理和饺子有关的民间传说，和孩子一起体验传统民俗食物的制作。

清明节

慎终追远，寻求根脉的依恋

亲爱的宝贝：有一个节日可以慎重地表达对先人的怀念，敬祖报本。它能让人的道德感更加清晰，内心被充实和丰满。它不仅仅代表纪念的风俗，而且是一个家族甚至一个种族的繁衍仪式。它就是清明节。

小侄女问她的妈妈：“过清明节到底应该快乐还是悲伤呢？”

妈妈：“为什么这样问呢？”

小侄女：“我读了两首不同的诗，都是写清明节的。一首写清明的好风景：

芳草绿野恣行事，春入遥山碧四周；

兴逐乱红穿柳巷，固因流水坐苔矶；

莫辞盏酒十分劝，只恐风花一片红；

况是清明好天气，不妨游衍莫忘归。

诗的大意是清明节他出去玩，特别开心，提醒自己不要忘记回家。

另一首是唐朝宋之问的《途中寒食》：

马上逢寒食，途中属暮春。

可怜江浦望，不见洛桥人。

北极怀明主，南溟作逐臣。

故园肠断处，日夜柳条新。

“清明节他特别难过伤心。所以我想问一问清明节应该是一个快乐的节日呢，还是一个悲伤的节日？”

清明节又叫踏青节，是中国传统节日之一，也是最重要的祭祀节日之一，是祭祖和扫墓的日子。清明节原是指春分后十五天，后将每年公历4月5日定为“清明节”。清明节实际包含了两层意思：一是指节气，“气”是中国古代天文学家总结出来的气候规律，反应一年四季气温、物候、降雨等变化。节气可以指导人们安排农耕。《岁时百问》说“万物生长此时，皆清洁而明净。故谓之清明。”气温变暖，降雨增多，所以清明对于古代农业生产是一个重要的节气。二是指节日，为了纪念晋国的名臣义士介子推，古代在他死难之日不生火，吃冷食，过寒食节。寒食节期间的人们禁火冷食和祭扫坟墓。因为清明距寒食节很近，人们将扫墓延至清明。后来官方因民间把寒食、清明并举相沿成习，就正式规定寒食节和清明节一起放假。到了宋元时期，清明节取代了寒食节的地位，寒食节所有的仪式和活动如祭扫、冷食、蹴鞠、荡秋千都在改在清明节这一大举行。但同属儒家文化圈的韩国仍然保留寒食节春祭的传统。与其他传统节日相比，清明节兼具节气与节日两重“身份”，兼有扫墓祭奠的肃穆悲伤与踏青游玩的欢乐两种情感氛围。

因为清明节引入了寒食节的部分仪式，所以清明节也禁火吃冷食，创造出各式的寒食，历经数代沿承至今，成了和其他节日食品不同的独特清明时令小吃。江南一带吃青团子，用白糖和红豆沙做馅，一种名叫“浆麦草”的野生植物捣烂挤压出汁，同晾干后的水磨纯糯米粉拌匀揉制成团子，入笼蒸熟，颜色碧绿鲜艳，入口糯韧绵软。北方清明节喜欢吃煮鸡蛋。也有的地方在清明节吃“撒子”，馓子是一种油炸食品，古时叫“寒具”。北方馓子以麦面为主料，南方馓子多以米面为主料。撒子可以直接吃，还可以拿水泡着吃，有点类似于方便面的前身。

各地的清明小吃就更多了，旧俗在清明节吃桃花粥、紫笋茶。嘉兴清明节晚上要吃青螺，称为“挑青”。镇江人用柳叶七片泡茶，据说喝了可以明目。山西部分地区清明节以黍米磨面作饼称作“摊黄儿”。泉州人清明吃“润饼菜”，用面粉为原料擦制烘成薄皮，俗称“润饼”或“擦饼”。吃的时候铺开饼皮，卷一些胡萝卜丝、肉丝等时令小菜，味道甜润可口。成都有一种炒米团，用线穿起来，名曰“欢喜团”。清人《绵城竹枝词》有诗：“‘欢喜庵’前欢喜团，春郊买食百忧宽。村醪戏比金生丽，偏有多人醉脚盆。”

❖清明节：追溯祖先，思考生命的价值

清明节最重要的事情就是祭祀。祭祀在中华民族的文化中有着特别重要的地位。《左传》：“国之大事，在祀与戎。”祀就是祭祀。祭祀

礼仪是民族文化的组成部分，是排在我国传统“五礼”首位的吉礼，是对天神、地祇、人鬼的祭祀典礼。所以，清明节最大的意义是祭祀怀念祖先，真诚、慎重地表现对已故亲人的怀念、感恩。《论语》曰：慎终追远，明德归厚矣。

中国人非常尊敬祖先。我们每个人的生命来自于父母，父母又来自祖父母、外祖父母，无穷无尽的生命链条，血脉相连，构成生命的延续。我们承受生命的内容和分量比自己想象得还要重，所以要在清明节以祭祀的方式，感谢祖先给予我们的生命。

在感谢的同时，我们也要引起一些思考。生我者父母，既然生命得到祖先的延续，就要担起生命的责任，活出生命的价值。一个人的价值不仅关系到自己，还关系到历代祖先。《孝经》“立身行道，扬名于后世，以显父母”明确地诠释了这一点。我们要教育孩子自立、自强，遵循仁义道德，有所建树，不辜负祖先给予的生命，这是一种自我价值的实现，也是生命价值的体现。

小仪式

1. **鼓励孩子自己搜集清明节的起源和典故。**清明节的起源各地都有不同的解释。家长鼓励孩子搜集清明节的起源和典故，既增长知识，又让孩子加强对传统节日的认识，理解生命和天、人、我的关系。

2. **和孩子一起向长辈打听家族史，编修简易家谱。**家谱是记载一个以血缘关系为主体的家族世系繁衍和重要人物事迹的特殊图书体裁。编修简易家谱能够增强孩子对祖先及家族的认同感。

❖清明节：促进情感联结，释放心理压力

中国的传统节日，大多是欢乐安和的，唯独清明弥漫着一些哀伤和感怀。这种哀思被诗人杜牧很传神地抓拍下来："清明时节雨纷纷，路上行人欲断魂。"在清明节很多地方都要扫墓，这种仪式既是怀念故去的亲人，又是一种情绪宣泄和心理安慰。

有人会问，扫墓是很沉重的仪式，为什么反而会宣泄情绪呢？这是因为我们中国人情感比较内敛，平时我们扮演着不同的社会角色，被规矩约束，很难有适当的机会和理由让我们尽情地释放内心的负面情绪。到了清明节，在去世的亲人面前，家人聚集在一起，通过社会和文化可以接受的方式表达情感，释放哀伤情绪，避免形成心理创伤。与此同时，给我们一种心理暗示：生命很短暂，要珍惜自己的生命，尊重自我存在的价值和意义。认真整合自我，接纳自我，认真面对明天的生活。

另外，扫墓是一种家庭仪式活动，需要家庭成员聚集起一起，这也是家人之间沟通和交流的过程，促进了家庭和家族成员的亲情巩固和情感联结，对每个家族成员产生内在的认同感，促进家族的繁荣和发展。

小仪式

1. **让孩子参加一次亲人祭扫。**冰心在《寄小读者》中说：“清明扫墓，虽不焚化纸钱，也可训练小孩子一种恭肃静默的对先人的敬礼。”让孩子在参与祭扫活动中知荣辱礼敬，懂孝行深义。

2. **理解并尊重孩子对生命的概念。**在成人世界里，“死亡”这类的生命主题往往是禁忌，不同年龄段的孩子对亲人“去世”的理解不同，他们用各种各样方式表达情绪的时候，成人要给予理解和帮助。

3. **和孩子一起悼念去世的亲人。**给孩子讲一些故去亲人的往事，一起缅怀先人，探讨如何珍惜、善待生命和亲情，写下感悟笔记。

❖清明节：亲近自然，吸取大自然的能量

参加庄重的祭扫后，我们肯定需要身心的调整。清明时节，大地回春，万物生长，欣欣向荣，正是放空自我，放松身心的好时候。多参加一些郊游、踏青、放风筝等活动，和孩子一起与树木花草、山川湖海沟通交流，感受大自然生机勃勃、周而复始的力量，和孩子一起放松身心，获取能量。

小仪式

1. **和孩子探究“清明时节雨纷纷”的节气原理。**家长和孩子一起学习古人留下的科学文化知识。

2. **做一份关于清明的自然笔记。**鼓励孩子认真观察，采集花草或者拍摄实景图片，做一份实物配文字的清明自然笔记，引导孩子感知、发现、探索自然，热爱自然。

3. **和家人一起郊游。**家长和孩子可以选择野炊、钓鱼、爬山等郊游方式，在大自然中能学到很多课本上学不到的东西，有利于孩子的情感发育、智力发育、身体发育，让孩子的天性得到充分的释放。

4. **和孩子一起学做清明小食。**清明节的节令食品大多数是寒食，风味独特，制作起来比较简单。家长和孩子可以在网上搜索食物教程，一起学做。

端午节

传承文化智慧，滋养民族精魂

亲爱的宝贝：有一个节日，人们在祝愿的时候不能说快乐，只能说安康。这个节日包含着很多传说和故事，有爱国的诗人，有忠诚的将领，有孝顺的女儿，有善良的白蛇，这个节日传承着文化，这个节日就是端午节。

端午节为每年农历五月初五，又称端阳节、午日节、五月节等，是流行于中国以及儒家文化圈的传统文化节日。端午节起源于中国，春秋时期有在农历五月初五以龙舟竞渡形式举行部落图腾祭祀的习俗；战国时期的楚国诗人屈原在这天抱石跳汨罗江自尽，为了纪念这位诗人，人们把端午作为纪念屈原的节日，部分地区也有纪念伍子胥、曹娥等说法。

“端”在汉语中有开头、初始的意思，古人习惯把五月的前几天分别以端来称呼。元代陈元靓《岁时广记》云：“京师市尘人，以五月初一为端一，初二为端二，数以至五谓之端五。”端午就是初五的意思。古人纪年通用天干地支，按地支顺序推算，第五个月正是“午月”。午时“阳辰”，所以端午也叫“端阳节”。

端午节是我们中国人一个十分盛行的隆重节日。由于地域广大，民族众多，加上许多故事传说，端午节还产生了很多各种不同的习俗。南方地区多挂艾草、菖蒲。江苏等地要给孩子“画额”，用雄黄酒在小儿额头画“王”字，可驱避毒虫。这个习俗从清朝时就开始盛行，清富察敦祟《燕京岁时记》：“每至端阳，自初一日起，取雄黄合酒洒之，用涂小儿领及鼻耳间，以避毒物。”在广东等地，民众用苦草洗浴；湖南、广西用柏叶、大风根、艾、蒲、桃叶等煮成药水，不论男女老幼，全家洗浴。陕西在端午节当天把彩色丝缕拴在小孩的手腕、脚腕和脖颈上，可以避邪和防止五毒近身。这种彩色丝缕要戴到“六月六”才把它剪下来，丢进河里让水冲走。

粽子是端午节的应节食品，也是中国历史上文化积淀最深厚的传统食品。战国时期百姓包粽子投祭屈原。东汉时的粽子是用菰叶包黍米成四角形。晋朝开始往粽子里掺入板栗、珍禽兽肉。《水浒传》里生动描写宋朝过端午的民俗：“盆栽绿艾，瓶插红榴。水晶帘卷虾须，锦绣屏开孔雀。菖蒲切玉，佳人笑捧紫霞杯；角黍堆银，美女高擎青玉案。食烹异品，果献时新。”角黍就是糯米粽子。元、明时期端午节吃的粽子已经和现代很类似。清代出现“火腿粽子”。到了现在，粽子的品种更为繁多，口味更加独特。

❖端午节：遵从自然规律，传承文化和生活智慧

端午节是农历的五月初五，处于春末夏初，是一年中重要的时间节点。春天代表着生机，而夏天代表着成长。仔细琢磨，端午的仪式挂菖蒲、艾草，饮雄黄酒，多与洁净沐浴活动有关。中国人非常重视洁净仪式，洁净意味着庄重，古人举行重大祭祀前，与祭者为表示对神灵的敬惧，都要沐浴净身，否则就会亵渎神灵。在端午节采集各种草药防病祛病，沐浴、洁净，接受自然的馈赠，表示人们对自然规律的遵从，传承着几千年来的文化和生活智慧。我们可以把这些世世代代中国人的生活智慧传递给孩子，引导孩子学会尊重自然规律，让他们懂得自然是有尊严的，生存是需要智慧的。

小仪式

1. **协助孩子制作简单的端午植物图谱。**搜集到端午节时令植物如艾草、菖蒲等，可以直接素描到素描本，也可以将植物敲拓到纸巾上，用丙烯酸喷雾保存。

2. **举行一次艾草浴。**在中医师的指导下，用艾叶煮温水给孩子洗澡，既能健身又能防病祛病。艾草有一股天然清香，祛痱爽肤，还能使孩子不受蚊虫干扰。

3. **和孩子一起看《白蛇传》。**《白蛇传》是孩子非常感兴趣的神话故事，给孩子解释为什么白娘子在端午节喝了雄黄酒就会现出原形——变成一条大蛇。通过民间传说，感受各种各

样端午节习俗。

❖端午节：以纪念的形式传承中华民族的精魂

经典心理学名著《乌合之众》里说，传统是控制我们内心最深处的无形主人。为了保持传统，人类进行了两大努力：一是建立传统；二是当传统从有益变为有害时，人类便摧毁这种传统。所以任何民族的传统节庆都是民族精神观念的折射、文化理念的凸显以及人生信念的展示。端午节也不例外。

端午节起源于纪念爱国诗人屈原，不过据考证在屈原之前就已经有了端午节的雏形。我们中国人需要一座山，完成精神和道德意义上的登高望远，需要精神升华。经过几千年的岁月，把屈原和端午节联系起来，是因为屈原忧国忧民的情怀、上下求索的执着精神贯穿了整个华夏历史，引起无数志士的情感共鸣。这种情感共鸣凝聚成强大的力量，这种力量使得一个民族几千年来绵延不息，抗争延续和成长壮大。我们可以让孩子学习屈原的诗歌，引导孩子理解屈原的家国情怀和民族精神，了解中华民族可贵的人文底蕴，守护文化根脉的精魂，让下一代担负起民族和文化传承的责任。

小仪式

1. **和孩子一起抄写屈原诗词中的重点句。**给孩子解读诗词中的意思，让孩子感受屈原积极、坚韧、爱国的价值观。

2. **指导孩子自行学习端午节赛龙舟、包粽子、插艾叶这些节日形式**，领悟传统节日形式所蕴含的文化底蕴、人文精神。

❖端午节：放松身心，缓解焦虑

我们看端午节的大部分习俗，如吃粽子、赛龙舟、悬五色丝、挂菖蒲艾草、喝雄黄酒等就会发现，这些都和“驱逐”有关。在心理学上讲，这些驱逐仪式代表着人们对生活的焦虑，希望不吉利的事情远离自己。焦虑就是人们对现实的潜在挑战或威胁的一种情绪反应。古时生产力不发达，人们害怕一年劳作得不到好的收获，于是祈求天、地、神帮助人们风调雨顺，取得丰年。而现代文明高度发达，人们内心的恐惧和未知生活的焦虑仍然存在，这些负能量需要通过一些庄重的仪式来转化和释放。

瑞士有位著名的心理学大师叫作荣格，他提出了一种心理能量——力比多。这种心理能量既不唯心也不唯物，是心物一体，心理、生理、环境、应激事件等所有因素形成的一个整体驱动力。端午节的各种仪式让我们驱逐负能量，放松身心，缓解焦虑，获得爱的本能力量力比多，消除无力感，在现实生活中投入更多的正能量。

小仪式

1. **佩戴一件端午节饰物，接受传统习俗的意涵。**现在很多家庭过端午节仅仅吃个粽子，端午节的传统味道越来越淡。

端午节那天并不一定需要很隆重，系个五色丝线，包个香囊，煮个鸡蛋这些小仪式都是文化的传承。家长和孩子一起放松身心，缓解快节奏生活的焦虑。

2. **在端午节踏青郊游**。在中国南方，一般清明节踏青，而在北方端午节才是踏青的好时节。踏青郊游是孩子和大自然亲近的过程，不仅能和大自然亲密接触，还能相互理解，相互感悟。

中秋节

崇尚团圆，聚合家族情感的时间节点

亲爱的宝贝：有一个流行于中国众多民族与汉字文化圈诸国的传统文化节日，它是仅次于春节的中国主要节日之一，是中华民族自我认同的一个文化符号，蕴含着“凝聚血缘、合家团圆”的寓意，这个节日就是中秋节。

中秋节，是每年农历八月十五日，又称月夕、秋节、仲秋节、八月节等，是流行于中国众多民族与汉字文化圈诸国的传统文化节日。和其他传统节日一样，中秋节也是慢慢发展形成的。在《周礼》一书中，有“中秋”一词的记载。到魏晋时，“谕尚书镇牛渚，中秋夕与左右微服泛江”。一直到了唐代，中秋节成为固定的节日。《太平广记》记载了一个玄宗游月宫的故事：开元年间的中秋十五日夜，玄宗在宫中望月，被一名叫罗公远的异人接引前往月宫，见到仙女数百，素练霓衣，舞于广庭。玄宗于是密记其声调，归召伶官，依其声调，作《霓裳羽衣曲》。宋朝中秋节还没有吃月饼的习俗，主要是饮酒。《水浒传》里九纹龙史进结识少华山三位好汉，往来甚密。中秋佳节，便邀三位好汉到庄上“赏月饮酒”。中秋之日，“宰了一腔大羊，杀了百十个鸡鹅，准备下酒食筵宴”，非常隆重。至明清时，中秋成为我国的主要节日之一。

如果说春节的主角最早是“兽”（年），清明节是“鬼神”（祖先），端午节是“人”（屈原）的话，那么，中秋节的主角就是月亮了。中秋节源自于人们对月亮的崇拜。月亮被称为“太阴”，和太阳代表阴阳两极。中华民族有独特的月文化。从周朝开始，中国有了祭月的仪式。管理音乐的官员在晚上迎着寒气奏乐敲鼓祭祀月亮，有点类似现在的中秋晚会，但是晚会是演给月亮看的。北魏、隋唐以来，历代有秋分祭月的礼仪。人们庆祝丰收，答谢月神的保佑。从宋代起，祭月习俗逐渐改成乞求月神赐福。宋代金盈之《新编醉翁谈》记载：“中秋，京师赏月之会，异于他郡。倾城人家子女，不以贫富，各有所期：男则愿早步蟾官，高攀仙桂。女则愿貌似嫦娥，颜如皓月。”明清时候的中秋祭月风俗，在《红楼梦》里描述得非常细致：“嘉荫堂前月台上，焚着斗香，秉着风烛，陈献着瓜果月饼等物。邢夫人等皆在里面久候。真是月明灯彩，人气香烟，晶艳氤氲，不可名状。地下铺着拜毯锦褥。贾母盥手上香拜毕，于是大家皆拜过。”人们在祭月拜月的同时，又出现了赏月的习俗。晋代文献中就有中秋赏月的记载。

❖中秋节：中国人对“圆”的亲和与崇尚

中秋节的主角是月，主题是“圆满团圆”。圆是汉字文化中特有的审美心理，这是因为古代先民对世界的观察和研究从“天”开始，“乾为天，为圆”，这个“圆”关系到农业收成的好坏，一家老小的温饱，必须要恭恭敬敬地顶礼膜拜。构成中国传统文化的“佛道儒”三大思想都对“圆”充满了好感和诠释。“圆”在佛家中又叫无漏，佛法认为一切都是圆满的，是心的显现。圆觉经的圆觉代表了圆满的觉悟。道家的自然观是用周行不止的圆来描述的。《老子》中的“九九”这种循环往复式的“道”的结构和圆有着一定的联系。外圆内方是儒家传统文化的精髓。于是“圆”成了完满的象征，也成了华夏民族对社会、人生以及自身理想的一种构想、理解和追求。

家长可以在中秋节认真地领着孩子举行各种节日准备，告诉他们为什么要赏月，为什么要在中秋这个日子里团圆，让他们尝试理解中国“圆”的情感聚焦和文化，从中体会幸福。

小仪式

1. **和孩子一起手工制作“亲子”月饼。**购买一些食材，领着孩子制作月饼，让孩子充分了解中秋节的由来，理解吃月饼的文化内涵。如果孩子还小，也可以用画月饼和彩泥捏月饼代替。

2. **和孩子一起抄写和团圆、月有关的古诗词。**家长在孩子抄写过程中解释中秋节厚重的文化内涵，帮助孩子认同团圆的价值取向。

❖中秋节：满足亲情需求

在中国人的心中，中秋这个日子便是由月、夜、家组成的。其实这和马斯洛的需求层次理论相吻合。马斯洛把需求分成生理需求、安全需求、爱和归属感、尊重和自我实现这五类，依次由较低层次到较高层次排列。低一层的需求得到满足后，人们才会追求更高一层需求。

因为我们有爱和归属的需求，人人都希望得到相互的关心和照顾，会渴望亲情，感情上的需求比生理的需求更细致，需要更大的精力和心力去获得。中秋节是得到亲情需求的最好良机，亲情的鼓励能让一个人获得真正意义上的安全感，也会让人具备反脆弱的能力。所以在中秋节吃团圆饭、赏月、吃月饼过程中，引导孩子多陪祖父母聊天，享受天伦之乐，敞开心扉倾诉生活中的琐事趣事，领会中秋节蕴涵着特殊的情感韵味和文化内涵，获得亲情，满足情感需求。

小仪式

和家人一起赏月吃月饼。中秋节是仅次于春节的重要节日。在这个节日里和家人一起赏月吃月饼，阖家团圆。

❖中秋：迎接收获、奔向结束的时间节点

中秋是非常独特的节日，它很神奇地将中华民族几千年来的农耕文化和家族情感完美融合在一起。在中秋节，耕耘忙碌了一年的人们看到收成，获得硕果。借着丰收的喜悦，人们便托物言志，把农业生产的硕果收获期赋予了文化符号，都寓于八月十五这个重要的节点。

在古代，中秋节还被赋予了一些其他意义，是时间段落的标志。有句俗话“年过中秋月过半”，说明人们有了时间紧迫感。大小买卖人家在中秋节前，要完成一项重要的业务工作——收账。把各种来来往往的货款、尾款、赊账要回来，不亏不欠，别到了年关要不回来。所以在中秋节这一时间段落，我们可以赋予一个独特的仪式感，让孩子对照自己的年初计划和目标，进行小归纳盘点，看看自己在行为习惯养成、学习成绩和身体素质方面有没有相应的提高，陪着孩子根据实际情况调整原来的计划，鼓励他们养成自我管理的意识，努力实现全年目标。

小仪式

修改年初计划。和孩子一起审阅年初制订的新年计划还有多少没有完成，找到妨碍你和孩子达成愿望、解决麻烦的障碍，重新修改计划，把时间、地点、具体行动联结在一起，优化孩子的执行计划，尽力完成。

重阳节

老人需要尊重、陪伴和空间

亲爱的宝贝：因为祖父母、外祖父母的选择才会有了你，请对你的长辈心怀敬意和感恩之心，彼此之间相互照顾。别问为什么，因为血缘和爱本身就是答案。

有一种人，他们走过了我们走的一段路，已经经历了梦寐以求和求之不得，他们用温和的、不同的方式去看世界，他们有好听的故事和动人的歌，他们就是我们的长辈——老年人。

和儿童一样，有些人不知道如何划分老年人的年龄界限。其实，在不同的社会，人们对老人的“定义”不一样。爱斯基摩部落中对男性老人的界定指标是不能再从事狩猎活动的人。马来半岛生活在中部山岳地带的色诺人主要以“生殖能力”来划分，有了后代，没有能力再生育的人成了老人。如果按照世界卫生组织的标准：44岁以下为青年人，45～60岁为中年人，60～75岁为年轻老年人，75～90岁为老年人，90岁以上为长寿老人。而我国在《老年人权保障法》中规定，60岁以上的公民称为老年人，一般退休年龄也以此为准。

在中国传统文化中，老人的各个年龄段有很多别称，有其各自的文化内涵和意义。孔子曰："六十而耳顺。"60岁的老年人被称为"耳顺之年"。杜甫在《曲江诗》中说："人生七十古来稀。"于是70岁的老年人被称为"古稀之年"。80岁的老年人被人们称为"耋"，80岁以上的老年人被人们称为"耄"，所以80～90岁的老年人，被称为"耄耋之年"。90岁以上的老人褶皱的皮肤就像鲐鱼背一样，所以90岁以上的老人被尊为"鲐背之年"。而百岁的老人被称为"期颐之年"。期是期待，颐是供养，百岁老人饮食起居已经不能自理，一切需期待别人供养或照顾。为了尊老敬老，出现"孝道"，指社会要求子女对父母应尽的义务，包括尊敬、关爱、赡养老人，为父母长辈养老送终等，这逐渐成为中国古代社会的基本道德规范。九月九日重阳节逐渐成为祭祖和推行敬老崇孝活动的节日。

除了中国，世界上还有很多国家有着不同形式的敬老节日。伊朗的老人节定在每年1月7日，是一年中最早过老人节的国家。在这一天，儿女们要为老人做"七道菜"，象征健康长寿。日本的老人节也叫"敬老日"，定在每年的9月15日。日本是世界上的最大长寿国，老人特别多，在老人节这一天，儿女们都要向老人祝贺，全国举行"老人健步大会"，象征老人青春不老、健康长寿。泰国的老人节也叫"长寿日"，定在每年的5月5日。在这一大，儿女们要采集各种象征幸福吉祥的花草，结成美丽的花环敬献给老人，祝福老人幸福长寿。匈牙利的老人节定在11月11日。这一天，按民间传统习俗，不能吃鸡鸭鹅等带翅膀的禽肉，否则，幸福长寿就会随之飞走。

❖重阳节：让孩子学会尊重老人

“我们为什么要尊重老人？”

这得从儒家文化说起。儒家文化鼓励人们尊重老人，倡导百善孝为先。孝是儒家伦理思想的核心和千百年来中国社会维系家庭关系的道德准则，甚至孝顺父母成为汉朝选拔官员的重要标准。因为儒家文化对代代相传的智慧抱有一种尊敬，而尊老是这种传统的延伸。此外，中国古代对国家的治理是通过家族来实行的，家族的安定是国家稳定的基础，敬顺与服从长辈能够维护家族的和睦团结。在汉代，56岁就达到了老年人的标准，能够享受一定的福利。汉朝法律规定，70岁以上的老人就赏赐王杖，老人得到王杖之后也必须履行教化百姓的义务，帮助国家推广孝行。不但是中国，同属儒家文化圈的日本、韩国、越南等国家都非常尊重年长者。在古代日本，老人被称为最接近神的，位于人生的“成熟”境界。《法然上人绘图》中描绘拄着拐杖的驼背老人守护着孩童，向孩子们传授经验和智慧。

进化心理学上出现了一个有趣的课题：“祖母是人类进化的关键——祖母假说。”生物学家所说的“生命史”上曾经有过两次重大变化：人类寿命在灵长类亲戚基础上大大延长以及人类婴儿依赖成年人的时间也大大延长。祖母照管孙辈，使得伴随我们漫长幼年期的学习与文化得以出现。

所以，我们要让孩子学会尊重和感谢老人，尊重他们的人生和历史，尊重他们的知识、智慧和经验，感谢他们为后代创造的宝贵财富。

小仪式

1. **节日给老人献花和祝福。**献花是一种礼仪，把鲜花献给敬重的对象。在重阳节给老人敬献鲜花和祝福再合适不过。一般而言，百合、康乃馨、兰花、长寿花、大丽花、迎春花等都适合送给长辈。

2. **送给老人一些智能礼物。**现在智能电子设备非常受年轻人的追捧。换一个角度想一想，可能老人比年轻人更需要使用方便的电子设备。家长和孩子可以根据老人的实际需要，送老人一根智能拐杖、智能手表、语音药盒等智能设备，让老人的生活更便利，身体更健康。

❖重阳节：爱和陪伴让我们在一起

我们经常提倡爱孩子，陪伴孩子，其实老人也需要爱和陪伴。步入老年以后，原来的社会关系会突然中断，生命的智慧和工作的热情不能再尽情发挥，更让很多人难以适应的是，自己的交际圈子变为了空白，甚至有些人只能回家帮助子女照顾下一代。这些老人会感到孤独，这种孤独难以用语言表达。我们应该学着多陪伴老人，日本作家川端康成说过：“什么时候，你能与一个老人待一个下午，饶有兴趣地听完他精彩或不精彩的人生故事，那说明你已经成熟。”和老人进行交流，追寻老人的人生历程，从中发现和采撷老人生命中的闪光点，陪伴他从平凡中解读人生的价值和意义，可以增强老人的自我认可度和在家人亲友中的崇高感。

让孩子多与老人接触，可以拉近两代人的心理距离。一般情况下，老人都是谙世道、有智慧的人，他们积累的社会阅历和人生感悟，能够对年轻的父母提供一些指导，还能够促进孩子健康成长。同时，天伦之乐能够缓解老人的孤寂，让老人保持健康的身体和年轻的心态，从孙辈的成长中获得生命力。

小仪式

1. **听爷爷奶奶讲过去的故事。**陪伴有很多种形式，倾听是最容易，也是最有效的一种。用心倾听老人年轻时的经历和故事，就像观看一部老电影，可以从中看到人情世故、生活百态，甚至可以增长见识，找到让自己成长的力量。

2. **准备一个常回家看看账簿。**专门准备一个账簿来记录家人欢聚的时刻，里面可以粘贴一些老人、孩子互动的照片，也可以让孩子把想对老人说的话写在上面。账簿能给老人留下美好的回忆，也能提醒自己多关爱父母。

3. **制作重阳节时令小吃。**家长和孩子一起给老人煮一壶菊花茶，做一份重阳糕，这些网上都有教程，做好后一家人一起分享。

❖重阳节：给老人更多自己的空间

我们在关爱和陪伴老人的同时，更要给老人自己的空间。现在的老人很多被亲情和责任紧紧“捆绑”在女儿、孙辈身边。其实，人跟人再亲密也必须有各自的空间，在这些属于自己的空间里，人们可以尽情做自己，享受最真实的自己。所以，即便亲子关系再亲密，也需要给老人留出自己的空间。

老人操劳了一生，儿女们应该让他们安享晚年，切不可认为老人就应该默默地为儿女们付出。心理学家埃里克森的心理发展理论认为：随着时间的流逝，老年人会发生一系列的变化，如身体机能逐渐衰退、社会角色发生转变等，老年人的身心做出重大调整才能适应这些变化。因此，家长和孩子要鼓励老人，帮助他们规划老年生活：为他们安排健康的饮食来延缓身体机能的衰老，鼓励他们学习感兴趣的知识和技能以充实自己的精神生活，鼓励他们参加各类社会公益活动来发挥余热，还可以帮他们制订旅行计划让其开阔眼界，甚至可以帮助他们完成年轻时的梦想。总之，儿女们应该让老人活得有意义、有价值、有尊严。

小仪式

选择一个适合老人的深度体验旅游项目。培根曾经说过：“对青年人来说，旅行是教育的一部分；对老年人来说，旅行是阅历的一部分。”老人参加旅行能锻炼身体、开阔心胸，给生活增添一抹色彩。因此，可以选择一个适合老人的深度体验的旅游项目，让老人在放松心情的同时锻炼身体，增长阅历。

纪念日

感受来自过去的重量和回忆

亲爱的宝贝：总有一些重大的日子我们永远不能忘记，这些日子可能是国家的、民族的、家庭的，还可能是属于我们自己的。让我们在这些特殊的日子里回忆过去，做一些纪念活动，勇敢面对未来，创造更美好的明天和未来。

纪念日在百度百科上的解释为：某个国家为了纪念重大事件、伟人、先烈等，在特定的日子常会开展的相关活动；或者是朋友、夫妻以及其他人际关系，所发生重要事情的日子，并将此作为彼此之间关系维系的关键日子。

我个人觉得，这个解释太过空洞，我更倾向于人们需要怀念仪式和寄托感情，才出现了“纪念日”。每个赋予意义的日子，都积累着纪念和希望。在这种日子里，人们往往会出现一些独特的情感和回忆，于是大家会习惯性地暂停手头的工作，向历史事件或每年一次的节日致敬。由纪念日带来的独特感觉，很容易引起心灵的感知和物化。

现在的纪念日很多：1月1日的元旦，2月2日的世界湿地日，2月4日的世界抗癌日，2月14日的情人节，3月21日的国际消除种族歧视日，3月24日的防治结核日，4月5日的清明节，5月4日的青年节，5月31日的世界无烟日，6月26日的国际反毒日，7月1日的香港回归纪念日，9月20日的国际爱牙日，10月1日的国庆节，12月1日的世界艾滋病日等。这些纪念日提醒我们珍爱生命，珍爱身边的亲人，珍惜安定的生活，珍惜我们的生活环境，勿忘过去，奋发图强。

❖纪念日：为了满足我们的情感和归属需要

纪念日既有国际和国家层面的，又有独属于我们自己的，比如结婚纪念日、生日等。这些独属于我们自己的纪念日，对我们来说也非常重要，这是因为生活在社会中的我们都会有不同心理层次的需求，而这些纪念日恰巧是满足我们这种需求的最佳方式。

在心理学上，有一个著名的马斯洛需要层次理论，需要层次理论的第三层次是情感和归属的需要。纪念日给划定的时间节点提供了附加值，让受众感觉这个时间是属于自己的，这种感觉可以为其带来很棒的情绪体验，甚至可以为其制造出特殊的兴奋和认同感，从而引起心理学上的激发效应。到了这个日子，人们对待人和事物的态度就会发生变化，这种变化有利于释放情绪，也有利于拉近彼此的关系。

祭祀向来是古人眼中神圣的事情，按照中国的传统观念，天、地、君、亲、师，必须格外尊重，于是形成了祭天、祭地、祭祖的祭祀文化，并逐渐形成了敬天法祖、孝亲顺长、忠君爱国、尊师重教的价值观念。祭祀是华夏礼典的一部分，也是儒家礼仪中主要的部分，应该可以称为最古老、最重要的纪念日。

其实，纪念日并不需要过得多隆重、多铺张，而需要花心思表达出对这个节日的重视之情，使这个纪念日过得有意义。这样的做法足以让我们紧绷着的弦松一松，满足一下内心的认同感和期待感。让我们在有限的生命中，释放出宽广的张力，就像王小波说的："人还应该拥有诗意的世界。"

小仪式

在纪念日给孩子准备一个特别的出行。可以带孩子去爸爸妈妈定情的地方，然后在那里告诉孩子："爸爸妈妈在这里相识相爱，然后因爱成家，接着有了你。你是爸爸妈妈爱的结晶，你的出现让我们这个家变得更幸福。"这样特别的旅行，能够让孩子体会到家庭的温暖，使孩子更爱自己的爸爸妈妈。

❖纪念日：为了保存历史的真相和尊严

还有一种纪念日，我们不能忘记，如"七七"抗战纪念日、"九三"抗战胜利纪念日、"九一八"纪念日、南京大屠杀纪念日等，这些战争的苦难与胜利的光荣值得永远铭记。

然而，网上曾经有过这样一种声音：抗日战争已经过去这么多年了，我们为什么还要纪念南京大屠杀的死难者？

是啊，我们为什么要纪念死难者？似乎几十年前的战争已经不能引起人们情感上的共鸣，毕竟死难者不是我们的血肉至亲。

是这样吗？纪念死难者没有意义吗？那段历史与我们没有丝毫关系吗？

不！纪念死难者真的有意义，那段历史也真的与我们息息相关。

鲁迅说过："无穷的远方，无数的人们，都和我有关。"

对历史闭上眼睛者看不到未来，忘记和回避历史有着一种可怕的力量，如果忘记那段"鲜血化沙、白骨化雾、金陵城外夜夜闻鬼哭"的惨痛历史，那么我们还会重蹈覆辙。仇恨可以放下，但浩劫永远要被铭记。我们需要从那段磨难中吸取教训，把坚韧和自强刻进骨子里，让成熟与强大融入国家的血液，严肃看待那段悲惨的历史，永远对死难者心怀悲痛，并永远铭记历史的真相。

小仪式

1. **参加一次升国旗仪式。**升国旗是爱国主义教育的重要形式，孩子看着鲜艳的五星红旗伴着庄严的国歌冉冉升起，心底会自然而然地流露出爱国之情，也会自然而然地萌生振兴祖国的责任感，并树立民族自尊心与自信心。

2. **参观抗日战争纪念馆。**很多城市都有抗日战争纪念馆，这些纪念馆里多用实物、图片、影视等方式，向大家展示中国人民经历过的悲惨生活。带孩子参观这些纪念馆，可以教育孩子勿忘国耻、奋发图强。

贰

成长瞬间：

每一刻，都意义非凡

儿童节

让孩子做最独特的自己

亲爱的宝贝：爸爸妈妈觉得这个世界很有趣，想邀请你一起看看，于是有了独一无二的你。你的存在，让爸爸妈妈的生命和爱有了延续；你的陪伴，让爸爸妈妈成了更好的自己。我们不会按自己的想法塑造你，而是和你一起被生活塑造。

很多人并不清楚多少岁才算儿童，在古代，年龄大于婴儿而尚未成年的人都叫儿童，现在社会则普遍认为0～14岁是儿童的年龄段。不过，国际《儿童权利公约》界定的儿童范围是指18岁以下的任何人，所以十六七岁的孩子也是儿童，也可以过儿童节。

中国古代虽然没有设立专门的儿童节，但是儿童们在一些节日里有相对独立的过节活动。例如，农历三月的第一个巳日被称为“上巳节”，汉代以后固定为三月三日。这一天，人们相约到水边沐浴，希望除灾祛邪，《论语》中曾皙的一段话记载了这一活动：“暮春者，春服既成，冠者五六人，童子六七人，浴乎沂，风乎舞雩，咏而归。”意思就是，暮春时节，孩子们跟着大人到河边，先沐浴后学习礼仪，接着一起玩游戏，最后开心地唱着歌回家。古人在节日里给了孩子们自由玩耍的空间，这和现在的六一儿童节差不多。

说到六一儿童节，很容易想到各种欢乐的场景：气球、游乐场、礼物、节日彩带和孩子的笑脸。可是，儿童节的由来却充满了悲伤和无奈。1942年6月德国法西斯枪杀了捷克利迪策村140余名16岁以上的男性公民以及全部婴儿，并把妇女和90名儿童押往集中营。为了悼念利迪策村和全世界所有在法西斯侵略战争中遇难的儿童，1949年11月，国际民主妇女联合会在莫斯科举行理事会议，决定把每年的6月1日定为儿童节。

当然，世界很多国家的儿童节日期并不相同，1949年12月23日中央人民政府政务院规定六一国际儿童节为中国儿童的节日，而中国香港特别行政区一直把每年的4月4日定为儿童节。

美国的儿童节是每年的10月31日，儿童要在这天参加学校、家庭及社区为他们组织的节日晚会及娱乐活动。中美洲国家哥伦比亚将每年的7月4日定为儿童节。在这个节日里，哥伦比亚所有的中小学都要举行庆祝活动，儿童们常常戴上各式各样的面具在街头玩耍。巴西的儿童节在每年的8月15日，这一天正好也是巴西的“全国防疫日”。所以，每到这个日子，各地的医生们都会为孩子们看病，还会给5岁以下的儿童注射预防小儿麻痹症的疫苗。

日本的儿童节最为独特，因为这个国度有三个儿童节。每年5月5日是男孩节，有男孩的家庭这天都会在屋顶上悬挂鱼状的标志，这种标志有为家里的孩子消灾避祸，护佑其顺利成长的意思。每年的3月3日是女孩节，有女孩子的家庭这天都会在客厅里设置一个阶梯状的偶人架，在上面摆放各种穿着日本和服的小偶人（玩具娃娃），庆祝女孩健康成长。每年的11月15日是日本的“七五三”儿童节。在日本习俗里，三岁、五岁和七岁是小朋友特别幸运的三个年纪，所以每年的这一天，会专门为这三个年纪的孩子热闹地庆祝一番。孩子穿戴整齐后，父母会带他们到神社，祈求并感谢神明给小朋友带来健康和快乐。

❖尊重和保护孩子的权利

英国哲学家约翰·洛克认为，孩子应该是一块“tabula rasa”（拉丁文白板的意思）。他认为孩子来到这个世界的时候没有任何特征和人格，完全被成长过程中的经历塑造而成。于是，有些家长在这种理论的指导下，把孩子当成空白的白板随意涂抹，把孩子当成空瓶子随意填充，甚至有些家长完全把孩子视为自己的附属品。这些家长口口声声地说非常爱自己的孩子，希望孩子能够按照自己的想法自由生长，可是，又不停地以爱的名义干涉孩子的自由，就像把盆栽去掉枝丫，努力修剪成自己想要的模样。

《儿童权利公约》规定儿童享有一个人的全部权利，这就是说儿童拥有生命权和健康权，也拥有充分发展体能和智能的权利，还拥有参与家庭、文化和社会生活的权利。因此，家长要学会尊重和保护孩子的权利，不可以用爱的名义约束和捆绑他们。

很多父母对孩子充满支配欲，他们不仅参与孩子的人生设计，把自己的愿望强加给孩子，还对孩子过度关注，不允许他们参加一点课外活动，生怕他们少了自己的保护会受伤……其实，这样的做法破坏了孩子的生活环境，打乱了孩子正常的生长规律，还给孩子的生理和心理健康造成了不良影响。因此，请父母们恪守底线，正确履行对儿童的养育和照顾职责，千万不要以爱之名伤害你的孩子。

尊重你的孩子，不要干预任何一个生命的成长。要记住，家长只是负责孩子的教育。

那么，什么是教育？

德国最重要的存在主义哲学家雅斯贝尔斯说过这样一句话：“教育是一棵树摇动另一棵树，一朵云推动另一朵云，一个灵魂唤醒另一个灵魂。”

教育是影响，而不是干预和伤害，家长要懂得尊重和关爱孩子，让其按照自己的方式去成长。

小仪式

教给孩子说“不”。一定要郑重地告诉孩子：“你自己的想法很重要，不愿意做的事情要大声地说出来。”传统的教育过于强调听从，于是养育出了很多循规蹈矩却活得并不幸福的人，如今我们要教会孩子拒绝别人，让其明白坚持自己的意愿并没有错。

❖用孩子的眼光理解世界

有的时候，一些父母会觉得自己的孩子过于固执、过于任性，甚至还有些自私。其实，这是每个孩子成长过程中都会经历的自我中心现象，父母不用对此过分焦虑。自我中心现象也称自我中心，来自著名的心理学家皮亚杰的认知发展理论中的感知运动前运算阶段。它是指儿童在思考问题时总是以自己的角度为出发点，不过，这并不是说前运算阶段的儿童很自私，因为这时的儿童认为别人看到的世界与他们看到的是一样的。

自我中心是每个孩子心理发展中都会经历的阶段，你也许想不到，孩子自我中心现象是多么有趣：在婴儿的时候他以为自己和妈妈是一样的，1岁开始他才知道自己和别人不一样，但是他依然不能确定自己是谁；2岁左右时，他有了自我意识，也渐渐有了自己的主张，这时的他可能变得任性固执；3岁时，他的耐心会慢慢增加，开始学着自我约束；4～5岁，他开始真正理解什么是自己，但是依然觉得别人想的和他想的一样；6~7岁，他还是缺少站在别人的立场上考虑问题和客观地解释问题的能力；8岁以后他才逐渐摆脱自我中心，考虑别人的感受。因此，爸爸妈妈应该试着以孩子的眼光来理解世界，多和孩子进行交流，让他说出自己内心的想法，并尊重孩子的喜爱和偏好，不断完善教育方法，同孩子一起成长。

小仪式

1. **郑重地告诉孩子，爸爸妈妈会无条件爱你。**孩子一旦失去安全感，就会焦虑不安，从而影响身心健康。爸爸妈妈的爱会给孩子满满的安全感，因此，爸爸妈妈要时刻关注孩子，适时地鼓励和夸奖孩子，并郑重地告诉孩子："我们会无条件爱你。"

2. **用孩子的眼光看世界。**家长和孩子的身高是有差距的，看问题的层面以及表达的方式也是有差距的。如果家长以大人的姿态对孩子讲话，孩子理解起来会有困难，因此家长要试着站在孩子的高度和角度来看待世界。

❖允许孩子完成不一样的人生剧本

几乎每个父母看着自己的孩子时，都会忍不住想象他的未来，大家都期望自己的孩子能比别的孩子更聪明、更优秀、更成功。"聪明、优秀、成功"，似乎成了家长衡量孩子的一个标准。

可是，父母们有没有想过，你的规划和设想或许并不是孩子想要的人生。

犹太哲学家马丁·布伯曾说，关系分为两种：我与你，我与它。任何关系的存在都是独立的，即使是你的孩子，也有独立的生命、独立的性格、独立的人生。因此，父母无权定义和干涉孩子的人生。

父母的阅历比孩子丰富一些，可以给孩子一些建议，不过，最终要遵从孩子的意见，不可粗暴地干涉孩子。父母要明白，我们不可能陪孩子一辈子，孩子终究要对自己的人生负责。因此，父母要学着放手，允许孩子完成不一样的人生剧本。

人生是否精彩，关键在于演戏的人有没有“走心”。让孩子出演自己喜欢的剧本，让他去诠释自己感兴趣的角色，再没有天赋的“演员”也会把这出戏演得精彩。父母要学着放手，不论孩子选了悲剧还是喜剧，都要鼓励孩子认真诠释自己的角色，积极追寻自己人生的意义和价值。

小仪式

1. **给孩子做一份理想“素材册”**。每个孩子在不同阶段都会有不同的理想，父母可以把孩子每个阶段的理想记录下来，为其创建一个“素材册”。当孩子到了价值观形成的年纪，可以把这个“素材册”交给他，让他根据这些素材修改并完善自己的人生“剧本”。

2. **送给孩子一枚有他名字的印章**。印章对于中国人来说是标记，承载着诚信、文化和志趣。给孩子制作一枚刻有他名字的印章，每读完一本书或者完成一次活动时让他在特定的地方盖上印章。

❖确保孩子安全成长

孩子的安全是第一位的，父母一定要对孩子灌输安全意识。当今社会，儿童和青少年的死亡原因主要是发生意外。意外可能导致孩子死亡，也可能导致孩子身体残疾，甚至可能导致孩子终身瘫痪。因此，孩子的安全教育不可忽视。家长不仅要为孩子提供一个安全的家庭环境，还要告诉孩子遇到危险时如何保护自己。此外，家长还需要约束自己的行为，避免烟酒等物品对孩子的身体带来伤害。

小仪式

1. **和孩子一起学习《英国儿童十大宣言》**。《英国儿童十大宣言》是全球首份由政府发布、被公认的全世界最全面的儿童安全指南。尽管这里面的内容并不一定完全适合中国的孩子，但仍然值得我们关注和借鉴。

2. **家庭需要建立一套行为指导，必要的时候修改和讨论**。家长和孩子周期性地回顾遇到的危险，培养孩子的危险意识和警觉性。这样做可以让孩子意识到，尽管大多数场合是安全的，大多数人是善良的，但是每个人还是需要学会保护自己。

过生日

我们对彼此都很重要

亲爱的宝贝：你的出生对我们来说非常重要，因为从那天起我们的生活就变了样。我们的出生，对你来说也非常重要，因为正是有了我们，才有了如今的你。你的朋友们的出生对你来说也很重要，因为他们多多少少改变了你的样子。

我们的孩子对于“过生日”这一概念并不陌生，因为大部分家长都会为孩子庆贺生日。在生日这天，他会吃到蛋糕，得到生日礼物，听到长辈和朋友们的生日祝福，还可以在生日蛋糕前许下小小的心愿……

中国古代比较重视老人和儿童的生日，在“父母在，不庆寿”的说法指引下，成年人一般不过生日。老人一般从60岁开始做寿，“做寿”则要接受庆贺，摆筵席、设鼓乐，有的还搭台唱寿戏。

老人过生日也有一些讲究，“人瑞”过生日不可张扬。人瑞是指活了很大岁数的人。中国传统故事里最长寿的人瑞是彭祖，传说他活了

800多岁，而人瑞过生日要低调的传统据说也与他有关。一天，彭祖看到有一个人在洗木炭，他好奇地上前询问原因，这个人说自己想把黑色木炭洗白。彭祖听后哈哈大笑，他说："我彭祖活了800多岁，还从没听过木炭可以洗白！"没想到这个洗木炭的人是一直在寻找彭祖的地府使者，彭祖的这番话恰巧暴露了自己的身份，于是他的生命就这样走到了尽头。此后，人瑞过生日不可张扬就成了传统，不过，特定的大寿年纪还是可以庆祝的。

中国有生日吃寿面和红鸡蛋的传统。盛长寿面时注意不要弄断面条，并尽量把面条挑高，挑得越高、越长，寓意主人的寿命越长。吃红蛋的时候剥蛋壳，代表剥开过去、脱胎换骨，也有剥壳重生的寓意。

在古代，孩子的一周岁生日最为隆重，如今很多地方仍然保留着抓周的习俗。孩子一周岁时，家长便将各种物品摆放于他面前，任其抓取。常用的抓周物品有：笔、墨、纸、砚、算盘、钱币、书籍等。

如今，不论是老人、孩子，还是成年人，都可以过生日。大家在这个特殊的日子里聚在一起，吃生日蛋糕、点生日蜡烛、唱生日歌等。不过，这些习俗多来自西方。

中古时期的欧洲人认为，生日是灵魂最容易被恶魔入侵的日子，所以在生日当天，亲人朋友都会齐聚身边给予祝福，并且送蛋糕，以带来好运，驱逐恶魔。不过，最初只有国王才有资格享用生日蛋糕，现在不论是大人还是小孩，都可以在生日这天，定做一个漂亮的生日蛋糕，享受众人给予的祝福。

❖生日是生命传承的节点

人类能够一直存在于地球上，就是因为生命在一代代传承。当一对父母生下他们的孩子时，便完成了他们传承生命的使命。所以，孩子的生日，便是生命传承的一个重要节点。

对于刚出生的孩子来讲，这天是他生命的开端。在这个世界上，每个人都有自己的一段人生之路，从出生这刻开始便正式踏上了人生之路。这一刻，当然非常值得纪念。所以，每年生日这一天，都可以重新站在这个特殊的时刻，回望自己走过的路，也为以后的人生做一个规划。

对于父母来讲，孩子的生日是他们完成生命传承的纪念日。对于母亲来说，那是一个开心和荣耀的日子，也是一个受苦的日子。为了生下孩子，母亲经历了非常多的辛苦和疼痛，所以，孩子的生日也是母亲的受难日。在这一天，孩子要向妈妈所遭受的分娩之痛致敬，并向妈妈表达感激之情。

小仪式

感谢长辈和父母给予了自己生命。感谢妈妈辛苦地生下了自己，感谢父母辛劳地把自己养大。对他们说："我爱你们，谢谢你们！"

❖当我过生日的时候，我感觉我是被爱的

每个人出生后都会进入很多人的生活。当然，最先进入的是父母、长辈和亲人的生活。后来，他会结识一些人，并可能同这些人成为朋友和伙伴。那么，孩子对这些人来说是非常重要的，孩子出生的日期也是值得庆贺的。

所以，当孩子的生日到来的时候，很多人都会用过生日这种形式对他表达喜爱之情。这就如同在说："你的出生对我来说很有意义，所以我要热烈庆祝那一天。"

这一天，孩子被众人宠着爱着，他内心会感到特别兴奋。

被人爱、有所归属——这是每个人存在于这个世界上的重要需求。被人爱的孩子，会阳光自信，对自己的行为负责；有所归属的孩子，会懂得为他人付出，为集体奉献。

小仪式

1. **邀请自己认为重要的人。**允许孩子邀请自己认为很重要的人，来为自己庆生。当然，也要尊重孩子和伙伴之间过生日的一些习惯，以免给孩子的伙伴造成负担。

2. **感谢伙伴们的陪伴。**如果有小伙伴受邀前来参加孩子的生日聚会，父母要感谢他们的到来，并感谢他们过去一年对孩子的陪伴，同时也要注意为他们留出独处的空间。

❖给别人过生日的时候，告诉他“你很重要”

由于被爱和被需要对每个人都很重要，因此我们要鼓励孩子对“寿星”表达喜爱之情。我们既要教给孩子对“寿星”送生日祝福，还要教给孩子对“寿星”的降生表示感谢。

虽然我们当下能和这些亲人和好朋友聚在一起，但是并不是所有的人都能陪我们走完人生路。将来的某一天，我们可能就会分离，甚至有些长辈会先一步离开这个世界。

所以，我们要告诉孩子，缘分有短长，珍惜现在的亲人和朋友。

小仪式

1. **献上祝福**。如果是给老人过生日，要祝福老人长寿、健康；如果是给成年人过生日，要祝福他们事业顺利、身体健康。当然，也可以祝大家开心、幸福等。

2. **送礼物**。礼物并不需要特别贵重，只要用心即可，哪怕是自己亲手制作的手工作品也可以。其实，长辈并不在乎礼物的价格，而在乎孩子对自己的心意，只要准备的礼物能够表达自己对长辈的祝愿就可以。

3. **听长辈讲他们的故事**。如果长辈向孩子讲述他们以前的故事，告诉孩子要认真倾听。

❖过生日是对过去的总结和对未来的规划

每次生日到来，就代表我们又在这个世界上生活了一年。在生日这天，我们总是习惯回望过去，展望未来。回望过去，我们感到满意；展望未来，我们充满动力。总之，生日会让我们以更积极的心态拥抱生活。

孩子生日这天，父母在给孩子生日祝福的同时，可以适当地回顾一下孩子这一整年的生活，比如，孩子做的哪些事情让你感动；也可以把自己对孩子的期望在这时委婉地说出来，比如，希望孩子能够早睡早起。这样，孩子慢慢就会养成在生日这天回望过去、展望未来的习惯，也会学着规划自己的人生。

小仪式

1. **写下过去一年认为很重要的事情。**让孩子回忆过去一年中的事情，并把自己觉得重要的事情记下来。

2. **写下未来一年最想做的事情。**让孩子制订未来一年的规划，思考怎样把这一年过得更有意义。

3. **拍摄生日照片。**拍一张生日当天的个人照，再拍一张与大家一起过生日的合照。

4. **整理过去一年最重要的照片和视频。**父母每年应该都会拍摄照片或者视频来记录孩子的成长。孩子生日这天，父母不妨把孩子过去一年的视频整理一下，然后在视频的结尾处加上生日寄语，把它做成网络日志供自己和家人观看。

游戏时间
让孩子主动认识自我，探索世界

亲爱的宝贝：你喜欢的各种游戏，都是你未来生活的胚芽，因为你们会在游戏中学习和成长。所以，我们会培养你游戏的能力，关注你的行为表现和心理发展，但绝不会随意破坏和干涉你的游戏活动。

最近有一条新闻让人们哭笑不得：一个两岁孩子的妈妈为了让孩子“赢”在起点，给孩子报了各种早教班，结果两岁的孩子焦虑得头发都白了。一些家长觉得孩子整日玩耍是在浪费时间，于是就会为其报各种早教班，而有些幼儿园为了盈利就会迎合家长这种望子成龙的心理，减少游戏时间，增加课堂教育，过早地向孩子灌输各种知识。其实，这样做会伤害低龄儿童的心理，因为对这个年龄的儿童来说，游戏才是最基本的活动和生活方式。

游戏是一种基于物质需求满足之上的，在一种特定时间、空间范围内遵循某种特定规则的，追求精神需求满足的社会行为方式。提起游戏，不得不说一位非常伟大的教育家——福禄贝尔。他开办了世界上第一所幼儿园，并且给幼儿园下了这样一个定义：幼儿园并不是学校，儿童也不是受教育者，而是发展者。儿童在幼儿园里需要接受一些良好习惯的培养，训练身体机能，认识自然。这位伟大的教育先驱还强调了游戏的价值："游戏是儿童的内在本能，也是活动本能的自发表现。因而对儿童的教育，应加以束缚、压制，但不能拔苗助长，而应当顺应孩子的本性，满足孩子本能的需要，就像园丁顺应植物的本性，给植物施以肥料，配合以合适的日照、温度一样。如此，蕴含在人里面的神性将得以在人性里逐步被唤醒而体现出来。"

有的家长可能会奇怪，孩子天天在幼儿园里不就是在做游戏吗？

不，孩子的游戏是一种主动行为，老师领着玩或者被强制参加的不能称为游戏。儿童由于需求或者喜欢自发组织的活动，并在活动的过程中能够感到身心愉悦才能称为游戏。比如，孩子玩过家家，一个当爸爸，一个当妈妈，在玩的时候会获得一种愉快的体验，这样自发组织又不受任何约束的活动称为游戏。孩子的游戏往往隐含着一定的规则和秩序，一旦破坏这种规则和秩序，会影响游戏的继续进行。所以，我们应该遵循孩子独有的规则和秩序，让孩子获得愉悦的情感体验，促进孩子的成长和发展。

❖游戏是孩子学习的主要方式

游戏是孩子学习和认识世界的一种方式，有些人对学习的理解是：课本、老师、书桌。不，玩耍其实也是一种学习的过程。在游戏过程中，孩子有机会认识世界，探索周围环境；还能培养交际能力，增强团队合作意识。而且，游戏还可以让孩子学会表达和控制自己的情绪，帮助他们练习和提高生活技能，并在游戏中构建、整合对世界的认知，提高对事物的理解能力，发展想象力，培养创造能力。所以，我们应该让孩子多参与适合年龄段的游戏，使他们充分体验游戏的快乐。

小仪式

1. **尊重孩子的“游戏权”**。联合国人权事务高级委员会主张，游戏是每个儿童的基本权利，家长应该尊重孩子的游戏权。研究发现，孩子在游戏中的状态可以反映他长大以后的状态。比如，如果孩子能全神贯注地对待游戏，长大以后很有可能成为一个认真、执着、有责任感的人。

2. **家长学会陪孩子玩游戏**。游戏不仅能够提升孩子的创造力和学习能力，还能拉近孩子和家长之间的距离。游戏过程中家长和孩子的亲密接触，能让孩子更真切地感受到家长对自己的爱。

3. **充分尊重孩子的游戏意愿**。孩子的游戏意愿非常重要，如果孩子有让家长陪他玩耍的意愿，那家长就陪他玩耍；如果孩子不想让家长陪自己玩耍，或者已经厌倦了正在进行的游戏，家长要尊重孩子的意愿，万万不可指责孩子，或者强迫他玩能够“增长知识”的游戏。

❖别对好动的“熊孩子”咬牙切齿

家有好动的“熊孩子”，天天满地狼藉，所有家长都会头疼。不过，“熊孩子”并不是一无是处，他们往往动作敏捷、思维活跃，甚至比乖巧的孩子智商偏高。这是为什么呢?

研究发现，几乎所有游戏都需要孩子不断地进行运动，这些运动往往可以锻炼孩子的肌肉，促进他们骨骼的生长。而人体的各个部位在大脑皮质上都有相应的代表区域，区域的大小和身体部位活动的精细程度成正比，身体部位活动越精细，在大脑皮质所占的区域就越大。“熊孩子”在不断运动的过程中，激活了大脑某些创造性区域，促进了思维能力的发展，于是他们就会动作敏捷、思维活跃。不过，家长在让孩子尽兴玩耍的同时，不能忽视孩子的礼仪教育。

孩子玩游戏可以消耗过剩的精力，这个理论源于德国思想家席勒和英国心理学家斯宾塞。任何生物体都有一定的能量来满足其生存的需要，当生存需求满足之后，剩余的能量必须得消耗掉。如果消耗不掉，就会积聚在体内造成压力。游戏可以让孩子消耗能量，发泄过剩精力和情感，补充现实生活中不能满足的欲望和需求，使得孩子能够放松下来。

小仪式

1. **对孩子适度“放手”**。我们总是强调陪伴孩子，可是有时候孩子并不像家长想的那样需要陪伴，他们也需要自己的空间。家长在确保孩子安全的情况下，可以让孩子自由地玩耍。

2. **让孩子自己整理玩具**。让孩子自己整理玩具，不仅有利于培养孩子的责任感，而且有利于孩子形成做事认真负责、有始有终的良好习惯。

❖让孩子在游戏中获得心理发展

心理学家研究发现，童年早期有机会自主玩耍的孩子，在自我控制方面发展得更好。比如，2岁左右的孩子喜欢玩泥、玩沙、玩土，家长觉得“很脏”想要制止。其实，孩子把沙子搬来搬去，看起来毫无意义，可正是经过这样的反复摆弄，才使孩子更好地认识了环境，从而获得愉快的体验。2～6岁的孩子语言能力得到了很大提高，他们已经有了思维，可以用假想的情境和行为反映事物。比如，两个孩子玩吃西餐的游戏，他们会假装面前摆放了果汁、牛排和冰激凌，接着他们会乐此不疲地、假装大口大口地吃这些“食物”。这类游戏有点类似角色扮演，在情境中孩子可以亲身体验和表达内心的情感，其专注性、观察力、想象力、模仿力和创造力都能得到充分的激发。而7～12岁的孩子处于具体运算阶段，这时候规则感已经产生，此阶段是建立孩子规则意识、合作能力、沟通能力、集体荣誉感的最佳时期。家长这时可以鼓励孩子多和同龄人或大几岁的孩子一起玩耍，让其在游戏中锻炼各种能力。

小仪式

尊重孩子的游戏方式和需求。对于低龄孩子来说，游戏情节和游戏行为都是与心理发展水平同步的，他们对游戏的主题和兴趣都会不断变化。家长在观察幼儿的游戏行为时要抱着欣赏和宽容的心态，并学会尊重孩子的游戏方式和需求，让孩子在游戏中获得情感满足。

学习

孩子的成长方式和生活状态

亲爱的宝贝：学习到底为了什么，古今都是莫衷一是的话题。其实最简单的答案在三字经里：“玉不琢，不成器；人不学，不知义。”

学习是人类和动物普遍具有的活动。动物的学习行为是动物在遗传因素的基础上，在环境因素的作用下，通过生活经验和学习获得的行为。人类的学习行为要比动物的学习行为复杂得多，它分为广义和狭义两种：广义的解释是人在生活过程中，通过获得经验而产生的行为或行为潜能的相对持久的行为方式；而狭义的解释是通过阅读、听讲、思考、研究、实践等途径获得知识或技能的过程。

很多孩子都会问家长，人为什么要学习，无数的先贤学者给出了无数的答案。

古希腊哲学家苏格拉底说：“人类最大的乐趣莫过于学习。”

培根说：“读史使人明智，读诗使人聪慧，演算使人精密，哲理使人深刻，伦理学使人有修养，逻辑修辞使人善辩。”

爱因斯坦说：“上帝公平地给了每个人每天三个八小时，第一个八小时大家都在工作，第二个八小时大家都在睡觉，人与人的区别就是第三个八小时创造出来的。”所以，如果我们在第三个八小时学习成长，命运就有可能发生改变。

最能引起家长共鸣的答案是龙应台在《亲爱的安德烈》一书中说的话：“孩子，我要求你读书用功，不是因为我要你跟别人比成绩，而是因为，我希望你将来会拥有选择的权利，选择有意义、有时间的工作，而不是被迫谋生。当你的工作在你心中有意义，你就有成就感。当你的工作给你时间，不剥夺你的生活，你就有尊严。成就感和尊严，给你快乐。”

人类最开始的学习只是为了生存下去。人类的某些单项技能不如动物，如听力、视力、速度、耐力等，人类为了生存开始探索让自己变强的方法，并将探索出来的结果总结出来，一代代传下去。随着人类的进化和发展，文明时代的人类站在了物种的顶端，拥有的知识也远远超过了最基本的生存需要。可是，我们依然需要学习。

为什么呢？依然是为了生存下去。

人类的竞争已经脱离了和其他物种的竞争阶段，开始变成种群内部的竞争，人类开始互相竞争来占有更多的资源。而获取资源的方式就是创造价值，所以我们仍然需要学习。通过学习，我们的孩子可以得到知识，积蓄能量，开阔视野。所以，学习是孩子提高竞争能力的最好方式。

❖学习要遵循孩子的身心发展规律

有些家长非常希望自己的孩子赢在起跑线上，于是从婴儿阶段就开始训练孩子说话、站立、走路，在幼儿阶段就让他学习数学、外语。经过一段时间的训练，这个孩子可能确实比未经过训练的孩子掌握了更多的知识和技能。可是，这样的方式是一种不守规则的“抢跑”，非常不利于孩子的身心发展。

美国有一位心理学家叫格塞尔，他做过这样一个非常著名的实验。1929年，他对孪生子T和C进行了行为基线的观察，确认他们发展水平相当。在他们出生第48周时，对T进行爬楼梯、搭积木、肌肉协调和运用词汇等训练，对C不做训练。训练持续6周后，T比C更早地显示出某些技能。他们出生第53周时，C能够爬楼梯了，对他开始集中训练，发现只需少量训练，C就赶上了T的熟练水平。进一步观察发现，55周时T和C的能力没有差别。于是，格赛尔提出了成熟势力说：孩子的学习能力取决于生理成熟，成熟之前的学习和训练难有显著的效果。自然发展的过程是不能逾越的，所以孩子的学习要遵循身心发展的客观规律。

孩子的学习应该遵循自身的敏感期和关键期。关键期是发展某种能力最重要的时期，不同年龄的关键期不同：9个月是分辨大小多少的关键期，7～10个月是爬行的关键期，10～12个月是行走的关键期，2～3岁是口语学习的关键期，3岁是对规则敏感和性格培养的关键期，4～5

岁是书面语言培养的关键期，5岁是数学概念的关键期，7～8岁是心理自我意识成长的关键期，9～11岁是孩子大脑内部结构和功能完善的关键期，13～15岁是心理成长的关键期。家长要注意，这些关键期绝对不是时间概念，而是学习程度概念。我们需要根据孩子发育的关键期，为其制订相应的学习计划，帮助孩子掌握知识，增强学习能力。

❖播种习惯，收获命运

印度小说家萨德雷有这样一句名言："播种行为，可以收获习惯；播种习惯，可以收获性格；播种性格，可以收获命运。"我国教育家叶圣陶也曾说："教育就是培养习惯。"作家格拉德威尔曾说："人们眼中的天才之所以卓越非凡，并非天资超人一等，而是付出了持续不断的努力。1万小时的锤炼是任何人从平凡变成世界级大师的必要条件。"

这些话的意思是，成功没有捷径，要想成就一番事业，就要勤奋用心。从小培养孩子勤奋认真的良好习惯，将会让他终身受益。

小仪式

1. **定期和孩子一起阅读**。美国教育非常重视写作、数学和阅读。发展心理学家建议家长一定要培养孩子阅读的习惯，定期和孩子一起阅读。因为，阅读有助于孩子提高语言技能，熟悉书本和精神世界的发展。

2. **和孩子一起坚持"亲密家庭文化"**。研究发现，有组织的日常生活能提高孩子的学习成绩。规范晚餐时间、一起大声朗读、陪孩子完成家庭作业这三项构成了“家庭亲密文化”。坚持“家庭亲密文化”，有利于让孩子保持良好的学习习惯，并让其学习成绩显著高于其他孩子。

❖不要把学习成绩定义成孩子的一切

每个孩子都需要学习，但是不能把学习成绩定义成孩子的一切。现在太多的家长把学习缩窄到书本上，分数、名次成了他们关注的焦点，这样的行为不免有些舍本逐末。

巴尔扎克曾说：“学习有如母亲一般慈爱，它用纯洁和温柔的欢乐来哺育孩子，如果向它索求额外的报酬，也许就是罪过。”孔子也认为学习并不是单纯掌握各种知识，他认为学习是对人的修养、德行的提升，让学生通过学习和思考，实践“仁”和“礼”。所以，学习是不断提升自我、不断提高觉悟的过程，家长应该关注孩子在学习中是否获得了知识和技能，是否提高了思想觉悟，而不应只关注孩子的学习成绩和学习名次。

小仪式

1. **要对自己的孩子充满信心。**在心理学上有个著名的罗森塔尔效应，即期待效应，指教师对学生的殷切希望能戏剧性地收到预期效果的现象。这个方法对家长同样适用，家长对孩子充满信心，孩子就会对家长的期望积极回应，进而产生良好的效应。

2. **定期对孩子学习的知识做思维导图。**利用思维导图对孩子学习的知识框架做一个总结，这既是一个仪式性的总结，也是对学习成果的进一步巩固。

入睡前

影响明天的能量，提升幸福感

亲爱的宝贝：每天睡前都是非常珍贵的时间，我们可以有意识地利用这段时间做一些行为，这些习惯性行为可以帮助你快速进入睡眠状态，进而通过控制睡眠质量来影响你第二天的心情。

问一个问题，回忆下每天入睡前你和你的孩子在干什么？

“玩手机，刷微博、微信。”

“看一本书。”

“健身、瑜伽、美容……”

家长们大致也就这样几类，有的喜欢睡前玩手机，有的喜欢睡前护肤，有的喜欢睡前做瑜伽，甚至有的睡前还在处理工作。与家长相比，孩子睡觉前就比较混乱了，他们一会儿要喝水，一会儿闹着要喝奶，一会儿又惦记那个没有讲完的童话，甚至躺下后又爬起来闹着要吃东西……孩子睡前就这样没完没了地折腾，家长每天哄他睡觉都要耗费很多精力。

孩子这种睡前模式太凌乱了，你需要一些睡前小仪式来帮助孩子快速入眠。

❖养成良好的睡前习惯

睡眠对于孩子来说非常重要，充足的、高质量的睡眠不仅能让孩子的大脑进行自我修复，而且有助于孩子身体健康，甚至有助于提升孩子的认知能力和幸福感。好的睡眠来自于良好的睡眠习惯，而孩子睡眠习惯的养成需要家长的训练。家长可以和孩子一起设计一些固定的睡前仪式，来帮助他养成良好的睡前习惯。比如，亲子阅读，睡前听音乐或故事，睡前整理物品，睡前回忆这天的事情等。这些小仪式可以帮助孩子稳定情绪，快速进入睡眠状态。值得注意的是，睡眠习惯的养成和固定，要根据孩子的发展阶段以及年龄和个性。这些小习惯的目的是帮助孩子轻松愉快地进入梦乡，可是如果不能达到这样的效果，就不要强行建立了。海伦·茨威格说：“如果晚上入睡的仪式是违心去做的，就不灵了！”

小仪式

1. **避免睡前小冲突。**“睡觉！”“我还要再玩一会儿。”很多家长和孩子睡前可能都会出现这样的“争执”。家长可以用一些愉快的方法使孩子顺从，比如“摔跤比赛”，摔倒的人必须马上睡觉，这样就能平息潜在的争执。

2. **完成穿睡衣的仪式。**可以给孩子准备一套特别舒适漂亮的睡衣，让孩子睡前郑重地穿上，用这种仪式暗示孩子：“要穿着漂亮的睡衣睡觉了。”

3. **完成睡前回想。**许多睡眠科学家都建议晚上难以入睡的人试着躺在床上回想。如果愿意把你和孩子一天中见过哪些人、做过哪些事、有哪些收获回想一下，就会发现原本觉得短暂而平淡的一天，居然有许多细节值得回味。

❖正视孩子睡前的小嗜好

大部分孩子睡前都有些小癖好，比如，有的孩子喜欢抓着妈妈的手入睡，有的孩子喜欢在妈妈的怀抱里入睡，有的孩子喜欢抓着被子睡，有的孩子喜欢搂着毛绒玩具入睡。一旦少了这些，孩子就睡不安稳。孩子睡前癖好的形成多由于安全感的缺失，寻找安全感是人的本能。婴幼儿最早的安全感来自于吸吮的动作以及妈妈的怀抱，如果孩子安全感没有正常过渡和建立，便会寻找替代。一个心理学家曾这样说：“不管是被子的一角还是一块布，或者是毛绒玩具、布娃娃，这些依恋物在帮助婴儿战胜孤独时起着重要作用。”

其实，一些成人也保留着很多千奇百怪的睡前嗜好甚至特殊癖好。悬疑和惊悚小说作家史蒂芬入睡前一定会洗手，并让所有枕头面朝同一个方向，枕套开口处必须分别朝向床的两边。如果孩子的睡前嗜好无伤大雅没有必要刻意纠正，因为很多孩子长大后会自我纠正这些睡前癖好。不过，对于入睡习惯过于奇特的孩子，家长还是应该帮忙纠正。这是因为孩子到了一定年龄会意识到自己睡前习惯的不同，而这时他可能很难再自行改正，这会让他产生羞耻感。

对待比较小的孩子，父母要增强他的安全感；而对于年长的孩子，父母要帮助孩子建立良好的睡眠习惯。

小仪式

1. **增加身体接触**。对比较小的孩子，父母不要吝啬自己的抚摸和拥抱。对较大的孩子，拥抱也可以拉近亲子关系。

2. **给孩子讲睡前故事**。睡前故事不仅可以帮助孩子安静下来，尽快进入梦乡，还可以帮助孩子分辨善恶，形成良好的道德品质。

❖睡前和长辈或父母互道晚安

有人曾经突发奇想地问：“在没有手机、没有娱乐设施的古代，古人睡前都在做什么？”

古人非常重视亲子的沟通，子女要在睡前向父母问安。这种礼节被称为“晨昏定省”。《礼记·曲礼》这样写道：“凡为人子之礼，冬温而夏凊，昏定而晨省。”意思是说，做小辈的人，晚间要服侍父母或长辈就寝，早上要对他们省视问安。《红楼梦》第三十六回写道："不但将亲戚朋友一概杜绝了，而且连家庭中晨昏定省，一发都随他的便了。"作为子女晚辈，不晨昏定省，就是骄纵到一定地步了。

现在对长辈照顾更注重精神层面，但是也绝对不能忽视物质层面。仁孝是中华民族的传统美德，也是一种很高尚的情感。家长在教育子女时，不可忽视孩子的品格教育，要注意提升孩子的思想境界，使他成为一个品德高尚的人。

小仪式

1. **每天记得和长辈互道晚安。**晚安是晚上睡觉之前的温馨用语，每天能互道晚安的人，一定是生活中不可缺少的那个人。互道晚安的行为看似微小却充满了爱意，家长要与孩子睡前互道晚安。

2. **睡前和长辈分享彼此的快乐。**一个家庭如果建立了稳定的日常惯例和日常活动，家庭幸福感就会提升。睡前和长辈分享一天的学习和工作，每个家庭成员都会在这种亲情互动中收获幸福。

告别
既是成长的过程，也是成长的无奈

亲爱的宝贝：有一种经历让人五味杂陈，它是一种过程，也是一种决定，有时候它不是遗忘，而是转身；不是放弃，而是开始。它是什么呢？它就是告别。

告别多指辞行或者离别，英语为leave，这个词最早出于《后汉书·郅恽传》：“恽於是告别而去。”唐朝杜甫《酬孟云卿》诗：“相逢难衮衮，告别莫匆匆。”宋朝苏轼写了一本杂学史论，其中一个章节写道：“吾妻沉素事僧伽谨甚。一夕，梦和尚告别，沉问所往，答曰：‘当与苏子瞻同行。’”

古代人很重视告别，告别就意味着离开。离开的原因大多为赶考、宦游、征战、归隐等，由于古代人均寿命很短且交通不发达，离别就意味着很长时间不能见面，甚至有可能分别后便再也不能相见。一位名叫江淹的诗人很深刻地诠释了告别的情绪：“黯然销魂者，唯离别而已。”所以，古人的告别非常有仪式感，除了喝喝酒、唱唱歌、折根柳树枝、哭一哭外，还有一种表达告别心情的方式——写诗作赋。于是，中国文坛上有了离别诗这种独特的诗词。绝大多数的离别诗都充满了哀伤的情绪，即那种“有别必怨，有怨必盈”的情调，不过也有特殊的感情色调，这当然与告别双方的心态、经历和性格有关。

离别时情绪最激烈的应该属曹植的《赠白马王彪·并序》，整首诗淋漓尽致地表现了曹植恐怖、悲伤、痛恨和愤怒相互交织的复杂感情。曹植和胞兄曹丕夺权失败，被放逐监视，他觉得曹丕随时都可能加害自己和兄弟曹彪，于是说出“离别永无会，执手将何时”的千古绝句，描绘出一副生离死别的画面。离别诗写得体贴温柔的应该算王维，这位温和的“佛系诗人”曾写出：“劝君更尽一杯酒，西出阳关无故人。”告别时最洒脱的应该属唐朝诗人王勃，他打破了传统离别诗的那种幽怨和哀伤，在《送杜少府之任蜀州》写道：“海内存知己，天涯若比邻。无为在歧路，儿女共沾巾。”这种阔别非常豪迈，甚至在当时看来都有一些“酷”。在交通信息不发达的古代，告别是很悲伤的事情，一封家书能抵万金，偶然相遇，找不到纸笔，只好“凭君传语报平安”，可是王勃在告别的时候却说：“别啰啰唆唆的，像女生一样哭哭啼啼。”

离别诗写得最出色的应该是李白，他写的离别诗有160首之多，占了他诗词总数的六分之一。李白是一个喜欢出游的人，在游历的过程中认识了很多朋友，朋友中有官员、僧人、道士、商人、侠客等，李白的告别都很有个性。天宝年间，有个豪士叫汪伦，听说李白在附近游历，于是欣喜万分地给李白写信：“先生好游乎？此地有十里桃花。先生好饮乎？此地有万家酒店。”李白一看，有桃花有酒家，欣然前往。到了汪伦家，李白问：“桃花在哪里，酒家在哪里？”汪伦说：“桃花是潭水的名字，万家是店主人姓万。”李白听了哈哈大笑。李白告别那天，汪伦给他唱歌送行，李白非常感动，写下了“桃花潭水深千尺，不及汪伦送我情”的千古绝句。李白还有个好朋友叫孟浩然，他告别孟浩然的时候写了一首诗：“故人西辞黄鹤楼，烟花三月下扬州。孤帆远影碧空尽，唯见长江天际流。”李白告别李云的时候虽然身处逆境，但是仍然不减豪情：“长风万里送秋雁，对此可以酣高楼。”

❖告别需要仪式感来强化记忆

如今交通发达，通信发展，距离已经不能构成大家相互交流的阻碍，所以告别时的伤感被淡化很多。出生在这个时代的孩子对告别的伤感体验更淡，他们觉得告别只是一场游戏结束，并不会让大家失去联系。孩子经历不同的人生阶段后，各自有了新的生活重心，曾经在一起玩耍和陪伴的日子渐渐被覆盖，那个时候他们可能会后悔当初没有郑重其事地与对方告别。所以，家长可以引导孩子在告别时强调一点仪式感，不要让孩子心留遗憾。

小仪式

1. **收集或者背诵一些经典的离别诗。**重团聚、怨别离是中华民族的传统心理。收集和背诵不同风格的离别诗时，家长还要引导孩子理解诗意，体察诗情。

2. **将告别的瞬间抓拍下来。**日本女漫画家绿川幸在《夏目友人帐》提到："小小的告别总是让人觉得寂寞，所以打算将那些短暂的相遇和告别的片段一点点累积起来好好珍惜。"将告别的瞬间拍下来，无论储存在手机里还是电脑上，都是一份美好独特的回忆。

❖成长的过程就是不断告别的过程

在成长的过程中，由于人生轨迹的不同以及生老病死的自然规律，很多人分别后便难以再次走入对方的生活中。我们不妨想一想，小时候的朋友还剩多少陪在我们身边？如果没有相似的生活圈子，很多人不知不觉便在我们的生活里消失了。我们各自在新的环境中遇到新的人、经历新的事。所以，告别的时刻请投入情感，放大情绪，说出之前不好意思甚至不愿意说的话，给告别对象留下一份真挚的感动。即使以后岁月更迭，回忆起当时，感动依然留在心间。

小仪式

举行简单而温馨的告别小仪式。其实告别仪式有很多种，一起吃一顿饭，一起唱一首歌，或者情不自禁地哭一会儿。引导孩子珍惜当下，怀念每一个美好的过往。

经历挫折

幸福的人过着一种平衡的生活

亲爱的宝贝：我们非常渴望你的未来能够成功，但我们也不惧怕你有尊严地失败。我们既关心你飞得高不高，更关心你飞得累不累。我们希望你拿得起，更希望你放得下。请你“不怕输”，正面乐观地面对人生。

孩子在成长过程中不断增长新技能，不断结交新朋友，情绪也会变得越来越复杂。老师的偶尔一次批评，就会让他们耿耿于怀；偶尔的比赛失利，就会让他觉得大家都在嘲笑自己。甚至，当一些令自己觉得窘迫的事情发生时，他们就会有一种天塌下来的感觉。家长无法理解孩子的痛苦和失败，总是忍不住想问：“他到底是怎么了？有比赛就有输赢啊！这明明就是很小的事情，孩子为什么会这么在意呢？”

为什么？

因为孩子对压力性的生活事件承受能力不足，说得直白一点，我们的孩子太过于脆弱，无法面对挫折和失败。

挫折在心理学上的概念是，个体在有目的的活动过程中遇到阻碍或干扰，使个人动机不能实现、需要不能满足的情绪状态。挫折属于动机理论范畴，任何事情都有两面性，挫折有可能锻炼孩子的意志，也有可能引起孩子悲观、痛苦、沮丧等情绪。这些情绪会侵蚀孩子的快乐，让他陷入悲观情绪里不能自拔。最要命的是，挫折次数多了，孩子的悲观心理可能演变成习得性无助。

❖警惕习得性无助

习得性无助指因为重复的失败或惩罚，造成的听任摆布的行为。科学家曾经做过这样一个实验，把狗关在笼子里反复电击，多次实验后，只要电击的信号音一响，即便实验者在电击前已经把笼门打开，狗也不会逃走。相反，它会在电击到来前就倒地不起，痛苦呻吟。本来可以采取行动避免不好的结果，却选择相信痛苦一定会到来，从而放弃任何反抗。孩子年纪小，心理不成熟，遇到挫折的时候，很容易陷入习得性无助的心理状态中，越来越觉得自己不行。这种状态对于孩子的成长非常有害，家长必须及早帮助孩子对抗习得性无助。

小仪式

1. **孩子取得进步后，要及时给予激励。**我们虽然无法控制挫折的发生，但可以激励孩子不被挫折打倒。孩子取得进步时及时地表扬他、激励他。增强孩子的自信心，他就会鼓起对抗挫折的勇气。

2. **让孩子学会倾诉。**倾诉绝对不是软弱，而是心理医学比较提倡的一种治疗心理失衡的方法。适度的倾诉可以把受挫后的失望和焦虑随着语言逐步转化出去。如果倾诉对象能给孩子正确的心理抚慰，孩子就会正视挫折，不再惧怕挫折。

❖ “受挫”并不是一件坏事

从心理学角度来说，孩子“输不起”是一种正常的现象，大多数学前儿童总是希望自己能够获得其他人的认可。在集体活动中，一旦不如人，他就会表现出不满、不高兴。上小学的儿童也会格外在意输赢，一旦不如别人，便会产生沮丧和悲观的情绪，有些孩子甚至会将这个糟糕的结果归因于自己的能力不足，从而逃避学习。这时，最怕父母说一些批评性的言论：“看别人家的孩子，再看看你……”或者直接接手孩子无法做到的事情。批评性的言论会降低孩子自信心，而父母的接手会给孩子传递出这样一个信息：当你觉得做不了的时候就可以放弃，等别人来做。失败和挫折可能暂时打击孩子的自信，但是包办的做法会让孩子采用放弃和逃避的态度来应对问题，这种思维习惯一旦建立，孩子将更加无法面对未来的挫折和失败。

小仪式

1. **在游戏中让孩子正视失败。**可以和孩子设计一些游戏，让其在游戏中学习面对失败，在玩乐中尝到“输”的滋味，体验“胜败乃兵家常事”的道理。孩子经历“输”的时候会稍有失望和不快的感觉，家长给予适当的安慰和鼓励，孩子便会明白失败和挫折是客观存在的。

2. **抄写一些名人名言。**搜集并抄写一些名人对待挫折和失败的名言警句，给孩子讲解名人的故事，鼓励孩子以正面、乐观的心态战胜困难。

❖孩子需要培养心理弹性

中国的家长更倾向于教育孩子如何去成功，如何去努力，如何去追求卓越。大家非常认可老子说：“胜人者有力，自强者胜。”认可冯梦龙说：“成大事者，不恤小耻；立大功者，不拘小谅。”认可方孝说：“不安于小成，然后足以成大器。”更认可张孝详说：“立志欲坚不欲锐，成功在久不在速。”其实，“开挂”的人生只是极少数，大部分人的生活都不是一帆风顺的。失败怎么办？作家龙应台也谈到过这个问题：“我们拼命地学习如何成功冲刺一百米，但是没有人教过我们：你跌倒时，怎么跌得有尊严；你的膝盖破得血肉模糊时，怎么清洗伤口，怎么包扎；你痛得无法忍受时，用什么样的表情去面对别人；你一头栽下时，怎么治疗内心淌血的创痛，怎样获得心灵深层的平静；心像玻璃一样碎了一地时，怎样收拾？”所以，教育孩子面对挫折和失败比教育孩子如何成功更重要，家长应该适度地培养孩子的心理弹性。

心理弹性是一个心理学名词，英语为Resilience。最早是受到物理学中弹性力学的启发，是主体对外界变化的环境的心理及行为上的反应状态。具备较强心理弹性的儿童更倾向于激发家长的积极反应，年长后心理弹性较强的孩子相对独立和聪明，他们尝试掌握自己的命运而不依赖别人和运气。

小仪式

提供和谐的环境来培养孩子心理弹性。对孩子抱有正面的、恰当的期望，提供民主的教育方式来配合学校教育，帮助孩子形成恰当的自我认知等，这些都有助于培养孩子的心理弹性。

开学仪式

打开无限可能的新世界大门

亲爱的宝贝：请你认真参加你的开学仪式，这个仪式意味着你将打开充满无限可能的新世界大门，意味着你将站在新征程的起点。你要明白，你的眼前绝不只是书本、知识，还有远方的星辰大海。

一个成都的小男孩爆红网络，开学第一天举行汉服开学仪式，这位小男孩穿着汉服被家长紧紧地牵着走，他一边走一边仰着头号啕大哭，网友戏称："有一种生离死别，叫作开学。"

开学仪式是学生正式上课之前所经历的必要环节，与其说它是一个仪式，不如说它是开学的"第一课"。在古代，"入学"是影响人生的一件大事，家长非常重视孩子的入学，每个孩子正式上学前，家长都要为其举行一系列隆重的"入学大礼"。

由于古代重视农业，所以一切尽量围绕着农事展开，为了不耽误春种秋收，孩子具体入学时间是这样安排的：正月农事未起、八月暑退、十一月砚冰冻时（汉朝崔寔《四民月令》）。到了南北朝时期，开学时间相对统一到冬天。《北齐书·李铉传》记载一个叫李铉的人："常春夏务农，冬乃入学。"宋朝也是冬季开学，诗人陆游写了一首诗《冬日郊居》，诗后面还特地备注："农家十月，乃遣子弟入学，谓之冬学。"当然古代的学期和现代也不一样，短则三个月，长则一年。冬季入学的就三个月，不耽误干农活。八月制一般"上元（正月）入学"，"八月终解馆（放假）"。十二月制一般"正月望后启学"，"岁暮罢馆"。而古代儿童入学年龄和现代也不同，现代一般规定六七岁入学，古代大体在八岁至十五岁之间，二十岁读小学也都可以，甚至还有三十岁读小学的特例。从秦朝到清朝，这种"大龄入学"传统一直都存在。明魏校《庄渠遗书·谕民文》记载："凡为父兄者，如有子弟年六七岁至二十岁未冠者，俱要送入社学。""社学"就相当于现在的小学。

入学（就是开学典礼）在古人看来是非常重要的事情，入学要择定"吉日"，给孩子置办文房四宝，家境好的人家准备得更多。《红楼梦》里的贾宝玉只是阶段性冬天"开学"，排场就已经非常隆重，丫鬟准备好书笔文物、大毛儿衣服、脚炉手炉等物品。出门前，宝玉向父亲贾政请安，贾政看似严厉地训斥讽刺了一顿，随后又关心谁跟着贾宝玉上学，依次看过跟着上学的几个仆人后，贾政又叮嘱训诫他们仔细照看宝玉，不许他上学淘气。

新入学的孩子，需要举行"入泮"的入学仪式。"泮"指学校，"入泮礼"是一个相当庄重的仪式，所有流程根据《礼记》和《弟子规》制定，绝对不能有任何马虎。“入泮礼”大致有四个环节，一是“正衣冠”。《礼记》有云：“礼义之始，在于正容体，齐颜色，顺辞令。”古人非常重视仪表，认为“先正衣冠，后明事理”。二是“拜先师”。学生叩拜至圣先师孔子神位，然后拜老师，向老师赠送六礼束修。三是“洗净手”。行过拜师礼后，学生要按先生的要求，将手放到水盆中“净手”。“净手”的寓意为净手净心，希望能在日后的学习中专心致志。四是“开笔礼”。老师用蘸有朱砂的毛笔，在学生眉心点上一个红痣。“痣”与“智”谐音，寓示着孩子从此开启智慧，目明心亮。孩子经历了这样的仪式之后，才意味着成了一名真正的学生。

❖开学典礼：和过去做一个简单告别

号啕大哭的孩子毕竟是少数，孩子参加开学典礼大多会萌生一种力量。开学意味着曾经的生活已经结束，新一轮的学习即将展开。无论是小学生、初中生、高中生甚至大学生，在开学的时候可能只是被动地上学，还没有做好跨入新阶段的准备。其实，人都有留在过去的潜在想法，这是因为过去是已知的，相对安全的，而开学典礼这个仪式会指引他们越过这个阶段，明确自己学生的身份，真正踏实地开始或者回归校园生活。

小仪式

1. **和孩子一起回顾假期生活。**回顾是最好的告别，家长和孩子可以一起把假期生活回顾一遍，对照假期计划，看哪些已经完成，哪些尚未完成，然后一起分享假期的收获和遗憾。

2. **鼓励孩子从内心迎接开学**。现在流行一个“病症”叫作开学综合征，即假期结束之后，中小学生所表现出的一种明显的不适应新学期的非器质性的病态现象。孩子生理上多表现出失眠、嗜睡及一些查无原因的头晕等，心理上则表现出厌学、焦虑、暴躁等。家长要帮孩子做好心理疏导，鼓励孩子真正接受新学期的生活。

3. **配合学校开展新学期准备工作**。学校在正式开学前，会开展学生体检。建议家长积极配合学校和老师，积极参与学校组织的各项活动，关注孩子的成长与发展。

❖开学典礼是一种期望和激励

开始典礼绝不是多余的，而是对学生的一种期望和激励，非常符合苏格拉底的说法：“教育不是灌输，而是点燃火焰。”开学典礼既可以告诉孩子即将恢复正常的学习生活，也可以激励孩子认真学习。心理学家研究发现，如果一个人没有受到激励，仅能表现能力的三分之一甚至更少；如果受到非常有效的激励，则能表现出意想不到的能力。

著名的罗森塔尔效应也能佐证激励和期望的效果。1968年的一天，美国心理学家罗森塔尔和助手们来到一所小学，说要进行一项实验。他们对18个班的学生进行了“未来发展趋势测验”，然后把一份“最有发展前途者”的名单交给了校长和相关老师。其实，罗森塔尔撒了一个“权威性谎言”，名单上的学生是随便挑选出来的。8个月后，罗森塔尔和助手们对那18个班级的学生进行复试，发现凡是上了名单的学生，成绩都有了较大的进步。这个实验说明，家长、老师对孩子真切的期望和鼓励，能成为令他们努力向上的动力。

小仪式

1. **给孩子准备一套喜欢的文具**。贾宝玉上学的时候，他的丫鬟给他准备了很多东西，这种做法既是为了照顾他的身体，又营造出一种宝玉要上学的仪式感，无形中鼓励贾宝玉振奋精神，认真读书。家长也可以借鉴这种方法，给孩子准备一套他喜欢的文具，从而给其带来庄重的感觉和学习的动力。

2. **制定新学期目标**。在项目管理学上有一个SMART原则，这个原则对于较小的孩子来说过于高深，但我们可以借鉴这个原则的皮毛，引导孩子对自己进行有效的目标管理。Specific，明确这个学习的目标；Measurable，用量化的方式将目标具体；Attainable，这个目标必须可实现；Relevant，这个目标能让孩子取得学习上的进步。Time-bound，目标有具体的时间限制，家长定期检查目标的完成进度，督促孩子进行调整和改进。

3. **给孩子创造一个学习的地方**。可以是一张小书桌，也可以是桌子的一角落或者是房间中某一块区域，这个地方必须是单独的，明确给孩子学习的区域，创造出学习的氛围。

❖开学典礼：让孩子感受校园文化

现代的学校不仅承担着教育功能，还形成了独属于自己的文化。在开学典礼上，学校不只要传达给孩子“从今天开始又要上学了”或者“我是这个学校的学生”这样简单的信息，而且要让孩子从典礼现场就感受到学校文化的冲击和感召，迅速拉近学校和孩子之间的距离，让孩子有一种归属感：我是这个学校的一员，我为此骄傲。开学典礼就是要孩子加深对学校的亲切感，主动接受校园文化，接受学习任务。

小仪式

1. **引导孩子主动了解学校的历史。**家长要引导孩子了解学校的发展概况，感受学校所具有的文化氛围。

2. **帮助孩子了解学校的各类规章制度。**引导孩子自觉遵守校规校纪，养成良好的学习、生活习惯。

毕业仪式

获取扬帆远航的力量

亲爱的宝贝：毕业典礼是对过去时光的纪念和所做努力的褒奖。参加毕业典礼，既是庆祝你取得学业上的成就，又是吹响了你在新世界扬帆起航的号角。

毕业典礼是学生完成学业之后，由学校举行的一种正式的仪式。毕业典礼后，学生告别原来的教育阶段，升入更高的学府就读，或者步入社会。

如今很多国家和地区的毕业典礼是从中世纪的西欧演化而来。要追寻毕业典礼的来历，就要追本溯源。12世纪，基督教需要神职人员帮助他们管理事物，于是出现了修道院、教区学校。教会用学校对教士进行教育，学校里的教师被称为博士（Doctor，来源于拉丁语 Doctoreum）。随着学校的发展，教师的数量越来越多，于是教师们组织了自己的行会组织——大学。这些大学的学生被编入班级听课，如果他们决定成为一名教师，学校就会对他们进行考试。考试合格，他们要穿上类似僧侣的黑色长袍，参加一次葡萄酒盛宴，这就是现在毕业典礼的雏形，而僧侣的黑色长袍演便成了今天大学流行的学士服。到了十五世纪，出现礼帽搭配长袍。最初的礼帽是毕业生的象征，有方形的、有圆形的，还有一种在帽子中央设计一簇装饰物的，现在礼帽上的流苏就是以此为基础发展而来。牛津大学最先采用平底方向的礼帽，所以这种帽子被称为“牛津帽”。

如今，毕业礼服已经有了规范的标准。博士和硕士的长袍是黑色的，准学士的长袍为灰色的。学士的长袍尖袖，前面不敞开；硕士的长袍方袖，袖口呈弧形；博士的长袍喇叭袖，胸前扣子两旁各有一道宽5英寸[①]的天鹅绒贴边，袖子上也横着缝有三道平行的天鹅绒贴边，颜色为黑色或者别的颜色，标志着不同的学科类别。在西方一些国家，毕业的标志就是将礼帽上的流苏从右拨到左。流苏象征着稻穗或麦穗成熟，毕业典礼上拨流苏这一仪式则象征着毕业生已学有所成。

现代大学从19世纪末传入中国，毕业仪式也随同传入。不过，中国古代讲究的教育是“应试”教育，即科举考试。在汉朝的时候，朝廷正式设立官办学校；魏晋南北朝时期政局纷乱，官学时兴时废；到了唐朝，中央官学发展到顶峰。在形成科举制度以前，官学没有严格的学制和固定的毕业期限，只是定期举行考试，考中者授予官职，没有考中的留在学校继续学习，这就导致在官学里常常看到头发斑白的“老学

---

① 1英寸=2.54厘米。

生”。因为“老学生”太多了，朝廷只好单独给他们划分考试范围，解决就业问题。隋唐以后实行科举制度，读书人经解试、省试两级考试后获得授官资格。所以，对于大部分读书人来说，科举考中的时候才是“毕业”。

唐代省试放榜之后，榜上有名的进士要一同前往主考官的府邸，感谢拔擢之恩。随后，主考官便要带领新科进士到中书省都堂去拜见宰相。宋朝的时候皇帝为防止主考官与门生结为朋党，明令禁止新科进士向主考官和宰相表示感谢。元明清三朝最后一场殿试由皇帝亲自主考，所有“毕业生”都成为“天子门生”，向主考官谢恩的礼节变为向皇帝谢恩，称为“朝谢”。清朝的“毕业生”除拜谢皇帝外，还增加了一种“簪花”的仪式，象征着他们完成学业的“拨穗”。

❖毕业仪式，协助孩子缓解心理冲突

毕业仪式一般会在小学、初中、高中、大学结束时举行，这几个节点处于孩子11～22岁的年龄段，恰恰是孩子的青少年时期。这个时期的孩子正在成长和成熟，他们的心理经常失衡，行为变幻不定。他们有的时候认为自我是最重要的，于是过度关注自我，甚至认为其他人也一样关注自己的外表和行为，将很多精力用于应对假想的观众；而有的时候又觉得自己无人理睬、无人过问。他们有的时候觉得牺牲和奉献是伟大的，有的时候却喜欢对任何事情都冷眼旁观。他们有的时候希望融入大集体，热热闹闹的；有的时候却喜欢独处……毕业仪式的某些步骤和程序会在一定程度上缓解孩子的心理焦虑，平复他们的内心冲突，肯定他们的努力勤奋，让他们意识到自己在成长和成熟。

小仪式

1. **认真准备毕业仪式的流程。**外国的很多大学，尤其是历史悠久的大学，都非常重视毕业典礼，就连毕业演讲都要遵循古典奏鸣曲的结构。家长要引导孩子熟悉毕业仪式的流程，让孩子深刻地感受到毕业给他们带来的成长。

2. **拍一组有创意的毕业照。**毕业意味着孩子们的离别，孩子以后见面的机会就会变少，有纪念意义的毕业照可以将孩子的友谊定格在那个时间段，帮助他们留住美好的时刻。

3. **珍藏学校的一个小物件。**保留并珍藏如学校徽章等纪念物。《西游记》里玄奘取经前，唐太宗送行时没有拿什么金银珠宝，而是捧了一把土。看似不起眼的“土”却支持玄奘历经九九八十一难。鼓励孩子珍藏毕业学校的小物件，让学校的精神继续鼓舞孩子。

❖毕业仪式：增强孩子的自我认同感

我们上一节说过，孩子在青少年时期心理存在着不稳定性，缺乏自我认同感。自我认同是个体依据经历所反思性地理解到的自我，它并非与生俱来，需要在成长过程中慢慢形成。这个时候的孩子理想思维和对事物客观评判的能力还没有建立，他们认同感建立的渠道也非常狭窄，就是依靠父母、学校、老师和同学。毕业仪式上很多要素具有很强的象征意义，代表对他们学习的肯定、对他们成长的褒奖。这种仪式能够加强孩子自我肯定，增强自我认同，对他们今后的成长和发展有着重要影响。所以，家长应该鼓励孩子参加仪式感非常强的毕业典礼，帮助孩子获取认同感，并帮助他们健康成长。

小仪式

1. **鼓励孩子用心准备一段毕业宣言。**毕业宣言是用郑重的态度来表达自己的感情，孩子准备毕业宣言的过程中会体会到自己心态的变化，从而更快地接受毕业的事实。

2. **鼓励孩子认真告别同学和老师。**毕业之后，孩子同老师和同学见面的机会就会减少，郑重其事地告别仪式会让他们更珍惜当年相依相伴的那段时光，也会更加期待即将开始的新生活。

❖毕业仪式：帮助孩子完成角色转变，获取力量

影视剧中的人物接任重要的职务时都会举行典礼，比如皇帝登基。这种仪式既是宣告他身份的转变，又是提醒他承担起自己的责任，毕业仪式也承担着这个功能。毕业标志着一个阶段的结束，在孩了成长历程中打下了一个锚点，以最热烈、最直观的形式让孩子感受到自己即将发

生的改变，促使他承担起自己的责任，并鼓起面对未来的勇气。

小仪式

1. **请最尊敬的师长帮助孩子行“拨穗礼”**。这是毕业典礼上非常重要的仪式，让孩子最尊敬的师长来完成这个仪式再合适不过。对于孩子来讲，毕业是人生角色的重大转变；而对于老师来说，最欣慰的事情莫过于看着自己教导出来的学生成才。

2. **父母出席孩子的毕业典礼**。如果学校允许，父母不妨出席孩子的毕业典礼。在毕业典礼上，父母不仅可以分享孩子的喜悦，还可以见证孩子的成长。另外，父母出席孩子的毕业典礼，孩子会感受到父母对自己的重视，让他感受到家庭温暖的同时还会意识到肩上的责任。

叁

人际交往：

我的爱与尊重，让你都感受到

母亲节

如果没有母亲，既没有诗人，也没有爱

亲爱的宝贝：有这样一个人，她把你带到这个世界上，给了你生命，给了你健康，更给了你幸福。她把全部的爱和精力都给予你，不求索取，不溯既往，只是希望你健康快乐地成长，她就是你的母亲。

有这样一种职业，工作要求如下：

1. 无微不至地照顾孩子长大；
2. 全年无薪上岗，没有五险一金；
3. 不能离职，没有培训；
4. 没有绩效，没有奖金，求职者需要自己挖掘工作动力。

这样的职位放到人才市场估计会无人问津，可是在日常生活中，很多女性勤勤恳恳地在这个职位上工作着。这个职位就是母亲！这个职位一年365天，一天24个小时，随时恭候着孩子“布置”工作，没有休

假，没有报酬，一旦上岗便不可辞职，可是母亲却心甘情愿地忙碌着。

有的孩子说："我妈妈做出的蛋糕可以与甜品屋的蛋糕相媲美！"

有的孩子说："我妈妈会做手工，做出来的陶器简直能进博物馆！"

有的孩子说："我妈妈做的便当最有意思。她会做'功夫熊猫'寿司、'植物大战僵尸'土豆泥拌饭，甚至能做出'哆啦A梦'饭团。"

只要是孩子有需要，母亲立刻变身为全能战士，随时学会各种各样的技能，音乐、舞蹈、体育、写作、绘画……为了孩子开心快乐地成长，她们简直不遗余力。难怪英国小说家威廉·梅克比斯·萨克雷会这样说："在孩子的嘴上和心中，母亲就是上帝。"

母亲节（Mother's Day），是一个纪念母亲的节日，这个节日最早出现在古希腊。在这一天，古希腊人虔诚地向希腊众神之母希布莉（Cybele，宙斯、波塞冬、哈德斯、得墨忒耳、赫拉和赫斯提亚的母亲）致敬。在17世纪中叶，母亲节流传到英国，英国人把封斋期的第四个星期天作为母亲节。在这一天，所有出门在外的年轻人必须回到家中庆祝母亲节，并向母亲进献一些精致的小礼物。

我们现在过的母亲节起源于美国，就是5月的第二个星期日。美国南北战争后，安娜·贾维斯的母亲认为，应该给予失去儿子的母亲们一种慰藉，并希望创立母亲节来赞扬全世界的母亲。母亲死后，安娜·贾维斯立志实现母亲的夙愿。在她的不懈努力下，1907年5月12日，一个小教堂为母亲们举行礼拜仪式，以此来庆祝节日。1910年美国费城宣布设立母亲节，后来美国的各个州都开始庆祝这个节日，1914年美国国会正式命名5月的第二个星期日为母亲节，总统发布宣言，号召政府官员在所有的公共建筑物上悬挂国旗，表示对全体母亲的热爱和尊敬。

由于中西方文化的差异，我们中国人对母亲的感情也和西方人不同。一提起“母亲”，人们就会联想到勤劳、慈爱、无私、孕育等赞美词汇，“母亲”这个词在汉语中承载了太多温暖的意义。中国文化总是强调人与人的相互联系，母子关系一旦建立就很难舍弃。所以，从婴儿时建立的对母亲的依恋，就算成年后依然存在。

❖母亲节：孩子和母亲需要建立亲密关系

作家纪伯伦说：“人的嘴唇所能发出的最甜美的字眼，就是母亲，最美好的呼唤，就是‘妈妈’。”据说全世界已知的语言有5 651种，只有“妈妈”的发音很相似。人生下来后的最初几个月和最初几年，同母亲的关系最为密切。其实，母子间这种亲密的关系在怀孕的时候就已形成，婴儿出生在某种意义上改变了这种状况，但并没有发生根本的变化，因为脱离母体的婴儿几乎完全依赖母亲生活。

按照爱的进化和发展来说，成人之间的爱来自母婴的依恋。妈妈和孩子的关系越亲密，越有利于孩子成年后与他人建立起和谐、亲密、长期、建设性的关系。因此，为了让我们的孩子更有能力去爱自己、爱他人，妈妈需要和孩子建立亲密的关系。

妈妈要尽可能地和孩子一起共度时光，以增加他的安全感。妈妈要告诉自己的孩子，自己会无条件地宠爱他，并守护在他身边陪他长大。

同时，陪伴孩子的过程中要多与孩子互动，比如拥抱、亲吻、抚摩等。不过，陪伴孩子也要掌握好度，当孩子想独处的时候，要给他独处的空间。

小仪式

1. **妈妈和孩子相互亲吻。**亲吻是一种常见的传达爱意的小动作，孩子在亲吻中能获得满满的幸福感和安全感。妈妈可以多多亲吻孩子的脸颊，并向孩子索要亲吻，让孩子在浓浓的爱意中成长。

2. **玩护蛋游戏。**让孩子保护一枚生鸡蛋使之不破碎，这样做会让孩子明白，母亲就像保护鸡蛋一样小心翼翼地呵护他成长。

3. **妈妈和孩子一起玩角色扮演游戏。**可以给年幼的孩子一个洋娃娃，鼓励孩子喂养它，带来欢乐的同时也可以拉近亲子关系。

❖孩子的性格很大程度取决于母亲的教养方式

性格是什么？性格是人与人之间最不同、最明显的特征，是个性中最重要的心理特征，代表个体的本质。心理学上把性格界定为一个人对现实的稳定态度，以及与这种态度相应的、习惯化了的行为方式中表现出来的人格特征。俄国教育家乌申斯基曾经说过：“教育的任务就是培养孩子的性格。”孩子的性格很大程度上取决于母亲的教养方式。

母亲的教养方式不同，对孩子的心理以及性格形成的影响也会有很大差别。母亲过于溺爱孩子，孩子往往会对现实生活缺乏正确的认识，从而容易形成懦弱盲从的性格；而母亲对孩子过于放任，又容易使孩子形成冷漠、易冲动、不遵守纪律的性格。母亲只有用心教养，把握好尺度，才能使孩子形成独立自信的优良性格。

小仪式

1. **给孩子树立良好的榜样。**家长注意约束自己的言行举止，给孩子正确的引导，让孩子在耳濡目染中形成良好的行为习惯。

2. **支持孩子成长，做到“3S”。**“3S”理论由美国积极心理学家、哈佛大学医学博士丹尼尔·西格尔提出，以英语中字母S开头的词表示其中的关键要素：第一，孩子被看见（Seen）。父母们需要看见孩子的内心。第二，安全感（Safe）。安全感包括两个方面。一方面，作为照顾者，我们需要保护孩子。另一方面，父母不可成为危险的来源。第三，被抚慰（Soothed）。如果孩子情绪低落，父母要采取行动抚平孩子的情绪。

❖母亲节：母亲也要学会感谢孩子

有的家长期待孩子懂得感恩，于是要求孩子关爱自己。其实，这是完全没有必要的，因为8岁以下的儿童还不会爱，8～10岁的儿童仍然渴望无条件地被人爱。只有进入少年时期的儿童才会度过自我中心阶段，因此不要苛求孩子回报自己，反而要感谢孩子的到来。孩子的到来给母亲带来了极大的改变，母亲不仅有机会面对众多的挑战，还获得了各方面的成长。母亲在养育孩子的过程中变得更加细心、敏锐、宽容，社交能力也得到了提高，绝大多数母亲积极主动地改变了不良习惯。最重要的是，成为母亲的这一刻才理解了父母养育自己的不易，正所谓“养儿方知父母恩”。因此，母亲要感谢孩子帮助自己成长。

小仪式

1. **郑重地告诉孩子：“你是我们幸福的源泉。”**为人父母是一件既辛苦又幸福的事情，父母在抚养孩子的过程中，各项能力均得到了提升。看着孩子一天天长大，是一件幸福又骄傲的事情。父母要郑重地告诉孩子：“你的到来，让我们的生活变得更加充实。你从来不是我们的负担，而是我们幸福的源泉。”

2. **和孩子一起学习经典名著《颜氏家训》**。“父子之严，不可以狎；骨肉之爱，不可以简”等语句依然可以指导我们的生活。认真地向孩子解释其中的意思，让孩子感受汉语言博大精深的同时，也感受到父母对他的爱。

父亲节

带领孩子走向广博的发展之路

亲爱的宝贝：有一种爱，它是无言的，也是严肃的，在当时可能体会不到，却随着时间的流逝，让你越品越有味道，它就是那宽广无边的父爱。

《狮子王》里有一段辛巴和父亲木法沙的经典对白：

辛巴：爸爸，我们是好伙伴，对吗？

木法沙：恩，对。

辛巴：那么我们会永远在一起，对吗？

木法沙：辛巴，我来告诉你一些我父亲当年告诉我的事。看看那些星星，过去那些伟大的君王，正在上面俯视着我们。

辛巴：真的？

木法沙：是的。所以，当你感到孤独的时候，要记住，我们的先辈一直在指引着你。我也会。

每次读到这里，都会感到父爱的深沉和伟大。西方有句名言：“孩子是看着父亲的背影长大的，是和母亲面对面长大的。”我们一直强调母爱的伟大和崇高，却忽略了父爱的深沉和伟大。其实，父爱和母爱对孩子的成长同样重要，这两种爱就如太阳和月亮一样，点亮了孩子的整个世界。

世界上的第一个父亲节于1910年诞生在美国。华盛顿一位叫多德的夫人自幼丧母，由父亲抚养长大。她在母亲节这天突然产生了一个念头：“既然有母亲节，为什么不能有父亲节呢？”于是，她给州政府写信，呼吁建立父亲节。州政府采纳了她的建议，将她父亲的生日定为父亲节，也就是每年6月的第三个星期日。后来其他州也开始庆祝父亲节。

1972年，尼克松总统正式签署了建立父亲节的议会决议。这个节日终于以法律的形式确定下来，并一直沿用至今。

如今，父亲节已经流传到世界各地，日本人也在六月的第三个星期日庆祝父亲节，儿女们还会在这天亲自给父亲搓背。德国以每年的5月28日作为父亲节，德国的父亲们在这天可以开怀畅饮。俄罗斯的父亲节是每年的2月23日，这天也是俄罗斯的“祖国保卫日”。到了这天，全国各地都会举行庆祝活动，大家可以开怀畅饮，尽情享受生活。泰国的父亲节是每年的12月5日，这天也是曼谷王朝第九位国王拉玛九世普密蓬·阿杜德的生日，男女老少在这天都会穿着黄色盛装，去往寺庙为国王祈福，并为父亲祝福。

中国的父亲节起源，要追溯到民国时期。1945年8月6日，上海《申报》刊文《八八父亲节缘起》。文章称："美国为纪念欧战中阵亡将士的妻与母，曾发起创立母亲节。而今，中国也应该发起创立自己的父亲节。""父"字形同"八八"，且"八八"读音也与"爸爸"相同，因此号召上海市民，一同来过"八八父亲节"。市民立即响应，热烈举行庆祝活动。

❖父亲：你是我的影子，我是你的影子

孩子的天性让他依赖妈妈，并对爸爸怀有天然的敌意，这一现象被弗洛伊德称为"俄狄浦斯情节"。孩子在这种天性的指引下，会和爸爸争夺妈妈的爱，但是很快，这场竞争就会被亲情的力量平息。竞争平息了，孩子的人格得到了积极的整合。孩子会对爸爸产生强烈的认同："既然我不能取代爸爸，那我就要向他学习。"于是，男孩子开始模仿爸爸，女孩子则会对妈妈产生认同并开始模仿妈妈。因此，每个孩子都有自我概念形成的过程，爸爸在这个过程中起到不可替代的作用。很多性格角色模糊、自卑、任性的孩子，往往就是在这个阶段中没有获得足够的父爱。

作家贾平凹在《自在独行》中谈到："作为男人的一生，是儿子也是父亲。前半生儿子是父亲的影子，后半生父亲是儿子的影子。"从心理学角度来讲，这句话非常正确。父亲是孩子成长的重要桥梁，父亲的品质、精神甚至不良习惯都会在男孩身上逐渐展现出来，而女孩子在情感潜意识中更加偏向父亲，她们从父爱中得到了特殊的安全感。父亲良

好的人格和深刻的父爱，有助于子女人格的健康发展。

小仪式

为孩子制作传记。父亲给孩子做传记，不仅能详实地记录孩子的成长过程，还能保存下一份美好温馨的回忆。

❖父亲对孩子的意义不可替代

家庭治疗大师萨提亚认为，孩子认为母亲的爱是无条件的，而父亲的爱是要通过争取才能获得的，于是孩子更认同父亲的价值观，通过“认同父亲的价值观”，来获得父亲更多的关注和爱。在孩子的人格发展过程中，超我（道德化自我）和自我意识的发展是儿童通过对父亲的自居作用而实现的。自居作用是指儿童往往追随仿效父亲，以期将来也成为像父亲那样的人。男孩在自居作用过程中通过克服亲母反父（恋母情结）度过人格成长的危机，女孩则通过克服亲父反母（恋父情结）度过人格成长的危机。如果在这个阶段，父亲给孩子足够的温暖，孩子就会养成良好的自我管理能力，从而可以自觉遵守纪律，更好地控制自己的行为和情绪。可是，如果在这个阶段中父亲角色缺失、缺位，孩子很容易形成不健康人格，甚至诱发犯罪。

孩子2岁就可以说出自己是男孩子还是女孩子，在4岁时开始有了性别意识，5岁时能够把人格特征和性别联系起来，比如男孩子应该绅士，女孩子应该乖巧。在孩子性别认知方面，父亲发挥着重大的作用，男孩子会自觉模仿父亲的行为风范，女孩子则会通过父亲了解异性的生活方式。

有人把母亲比作大地，认为她给了孩子奇特的安全感；把父亲比作天，认为他给了孩子无穷的精神力量。的确，很多缺乏自信的孩子，就是因为没有从父亲那里获得足够的精神力量，于是他们的思想和精神被禁锢，失去了探索和向上的动力。

小仪式

制作一棵成长树。手工制作一棵成长树，一面代表爸爸，一面代表孩子，爸爸对孩子的进步及时给予“快乐果实”和“成功果实”的奖励，孩子对爸爸的关爱贴以“感谢果实”的奖励。这样不仅可以促进父亲和孩子的互动，还可以让孩子在父亲的陪伴下快乐地成长。

❖中国式父亲：请扮演好孩子的教导者

亲子户外真人秀节目《爸爸去哪儿》引起了人们广泛关注。很多参加过这档节目的明星爸爸们都承认，自己陪伴孩子的时间太少了。其实，这并不是明星爸爸们的特例，生活中因为事业而忽视孩子的爸爸们并不少。

“男主外，女土内”的中国传统文化让不少爸爸认为，父亲的作用就是给孩子提供良好的物质条件，并且督促孩子完成宏大的人生目标，而不必在具体教养上事必躬亲。有些父亲甚至认为，父亲和君主的角色有所重叠，都是统治者。孔子对弟子们循循善诱，可对自己的儿子却“过庭而训”，一副严父的样子。《红楼梦》中的贾政代表了中国传统父亲的形象，他教育起儿子来颐指气使，甚至稍不如意就对儿子棍棒加身。

西方文化也从未停止对父亲的探讨。在古罗马时期，父亲必须承担起抚养和教导孩子的责任，同时还要给孩子提供良好的物质条件。漫威出品的电影《雷神》里众神之王奥丁，就是西方传统的父亲角色。每当雷神托尔遇到不可战胜的困难时，奥丁就会出现指引他，帮助他。奥丁既是父，又是神，隐含着西方人对原始父亲（上帝）的一种强烈的崇拜之情。

如今，父亲的角色应该更全面，更人性化，父亲既要承担起赚钱养家的重任，也要学会给予孩子父爱，还要扮演孩子的导师，让其在温馨的家庭氛围中健康幸福地成长。

小仪式

和孩子一起读朱自清的《背影》。让孩子拍父亲的背影照，然后和文章里的背影进行对比，让他感受温暖如山的父爱。

教师节

爱在左，感恩在右

亲爱的宝贝：有人在你成长过程中，不断地引领你探索这个奇妙的世界，他们传授给你知识，教会你做人的道理，指点你人生的方向，给你飞翔的翅膀，他们就是你的老师。

我们中国人非常尊师重道，中国几千年的灿烂历史中，“师”总是受人尊敬，被人爱戴。在古代，传统的师徒关系仅次于父子关系，有“人有三尊，君、父、师”的说法。就连皇帝都要拜师，《通典》卷六七“礼典”强调：“天子拜敬保傅”，把尊师纳入国家典制礼仪中。所以，《三字经》里教育小孩子：“为人子，方少时，亲师友，习礼仪。”意思是，小孩子从小要学会亲近老师和朋友，从老师那里学到很多为人处世的知识和规矩。

古代的老师也分几种，业师、经师与人师。业师就是专门从事某个专业研究，传授某一专业知识和技能的老师，有点类似专业技能老师。

电视剧或小说里经常出现的“这是我的授业恩师”，指的就是业师。儒家典籍被称为“经”，所以经师是研究和教授儒家典籍的学者，有点类似现在的文化教育老师。而人师指德行学问等各方面可以为人表率的人，人师必须有高深的学问、高尚的品德，类似于如今的大师，孔子就是人师。

当然，并不是所有人在古代都能当老师，汉朝便有了类似于教师资格证之类的硬性要求。在汉朝，要想成为太学博士，需要通过官方考试。隋唐时期，对教师的要求更高了。国家公办的小学、大学，还有综合性学校等，对教师从业资格和教学能力都有了相应的考核办法。

因为教师这个职业特别受重视，所以中国古代也有教师节。那个时候的教师节是孔子的生日——每年农历八月廿七日。从汉朝开始，皇帝在这天要亲自去祭拜孔庙，备上全牛、全猪和全羊，并带领文武百官行三叩九拜之礼。然后，皇帝邀请“国子学”“太学”的经师入宫，“布席函丈为饮食之客，席间辞赋其娱”。意思是，皇帝掏腰包请老师们吃饭，饭桌上写诗填词，让老师都开开心心地过节。到了宋朝，除了祭拜孔子外，各种书院还会选拔成绩突出的老师上报。考核后，这些“优秀教师”最高可获得500两银子的奖励。到了清朝，教师节这天，特别突出的老师会授予八品职衔，提升为院长、监院等。

❖教师节：要学会感谢老师

老师可能是这个世界上最崇高的职业，他们用爱和耐心播种知识，播种理想，播种春天。每个孩子的成长都离不开老师，所以孩子要学会感谢老师。

我们中国人比较内敛含蓄，似乎很难说出感性的话，更不好意思郑重其事地向人表示感谢。可是，有些话不当面说出来，当事人又怎会知道？因此，当孩子在教师节这天羞于向老师表达感谢时，家长要认真地告诉孩子，对老师表达感谢是真情流露，这种行为一点都不矫揉造作。家长要让孩子明白，懂得感恩是一种高尚的行为，把谢意告诉自己的老师，老师会特别开心。

小仪式

1. **参加传统拜师仪式。**在老师的指导下参加传统拜师典礼，学习古代拜师礼仪，向孔子画像行礼，了解尊师重道的传统美德。

2. **给老师行礼。**向老师行鞠躬礼，真诚感谢老师，向老师赠送简单且富有心意的小礼物。

❖教师节：爱都是相互的

偶尔听到一首儿歌："我的老师像妈妈，老师爱我我爱她。"老师是孩子学习、生活、游戏的支持者、引导者和合作者，孩子在老师的陪伴与守护下不断成长，因此构建融洽的师生关系显得格外重要。家长应该告诉孩子，爱是相互的，如果想让老师像妈妈一样爱自己，自己就要先学会爱老师、尊重老师，给予老师足够的信任。

很多家长都希望老师对自己的孩子“好”一点，却很少思考怎样才能让老师心甘情愿地那样做。行为心理学告诉我们，巩固某种行为的最好办法，便是提供肯定的强化物（或奖励的刺激物）。也就是说，每个人都渴望得到他人的喜爱与尊重，如果给对方足够的喜爱和尊重，就会与之建立融洽的关系。老师也不例外，每个老师都渴望得到孩子的喜爱和家长的尊重，也期待得到别人的注视、关心和爱护。家长要在孩子面前多肯定老师，在孩子心中为老师树立良好的形象。同时，鼓励孩子真诚地向老师表达喜爱之情，当然，这种喜爱的表达方式绝不是夸张的表演，或向老师赠送名贵的礼品，而是积极地配合老师的教学活动，关注老师的一举一动，学着体谅和关心老师，并发自内心地感谢老师的付出。如此，孩子才能与老师建立起亲密的关系。

小仪式

1. **亲手为老师做一份礼物。**春秋时期，学生为了向老师表达敬意，会把“束脩”（肉干）作为礼物送给老师。不过，现在的老师都不会随便接受学生家长赠送的贵重物品。为了向老师表达谢意，家长可让孩子亲手给老师做礼物。一张贺卡、一块手工面包、一个可爱的工艺品，也许做得不太好看，但是这份满含爱意的礼物老师不会拒绝。

2. **录一个微视频**。征得老师同意后，用视频记录老师和孩子一天的生活学习情况。真实的生活影像，更容易拉近彼此的情感。

陪伴

高质量地帮助孩子完成身心发展

亲爱的宝贝：我很怕没有时间陪你，也很怕还来不及陪你，你就长大了。我希望你能主动把自己的生活点滴与我分享，也希望你能主动规划好自己的学习和生活，更希望你能在我的陪伴下成为一个有责任心的人。

前段时间一则新闻在微博引起众多网友的关注，一个家长陪上小学的孩子写作业气到心梗住院。

我们看到这则新闻不禁开始思考，孩子为什么变成了“不听话”的“熊孩子”。是他生来如此吗？不，大部分孩子生来并不顽劣！那很有可能是父母的教育出了问题。

很多家长并不清楚孩子需要什么，他们让孩子进入优质的学校就读，为孩子请来优秀的老师，豪爽地为孩子花钱，可是却舍不得放下脚步陪伴孩子。还有一些父母，他们紧紧地跟在孩子左右，陪孩子看电视、玩游戏、听音乐、写作业……孩子在哪里，父母的身影就跟在哪里。孩子看起来和父母很亲密，却从来不肯把心底的秘密告诉他们，甚至一天下来和他们也说不了几句话。这些父母根本不了解孩子内心的真实需要，这样的做法不是陪伴，而是一种并不负责的陪同。

真正的陪伴，应该营造一种安全、放松的氛围，让孩子与自己保持心灵相通的亲密关系。我们要明白，融洽的亲子关系有助于孩子的成长。

❖孩子在成长的任何阶段都需要家长的陪伴

美国著名发展心理学家和精神分析学家埃里克森指出：每个人在成长过程中都普遍遵循着生物的、生理的、社会的、时间的发展顺序，并按一定成熟程度分阶段地向前发展。为此，他提出了人格的社会心理发展理论，并把心理的发展划分为八个阶段，每个阶段有独特的发展任务。发展任务完成得成功，就形成积极的品质，不成功就会形成消极的品质。家长的陪伴，可以帮助孩子顺利完成成长和发展任务。

在婴儿期，孩子的发展任务是满足生理上的需要，发展信任感，体验希望的实现。这个时候家长应该给婴儿爱抚和有规律的陪伴、照料。这样，婴儿在生理需要的满足过程中，会感到安全，并产生信任感。可是，如果父母（尤其是母亲）的陪伴有缺陷，婴儿将产生不信任感。这种孩子胆小怯弱，长大后很可能不信任他人，甚至对他人苛刻。

在3岁左右的儿童早期，孩子的发展任务是获得自主感，克服羞怯和疑虑。这时，家长要掌握好陪伴和教育孩子的分寸，既要给孩子足够的自主空间，又要在不伤害儿童自尊心的前提下给予必要的限制，顺利陪伴孩子走过这个阶段。这一阶段对孩子非常重要，他会在这一时期对未来的秩序和法治生活做好准备。

在3～6岁的学前期，孩子的发展任务是获得主动感，克服内疚感。这个阶段的孩子已经认识到自己是独立的人，他们面临的问题是自己要成为什么样的人。在这个时期，如果爸爸妈妈用心陪伴孩子，认真培养孩子的主动性和想象力，他们就会拥有很强的主动性，并逐渐获得进取精神。

在6～12岁的学龄期，孩子进入学校学习文化知识和基本技能。在学习过程中，一种害怕失败的自卑感总是伴随着孩子，这个时候，家长的用心陪伴会帮助孩子克服自卑感，使他的自信心得到增强。

青春期是孩子性格形成的关键时期，青少年由于生理的变化和社会环境的影响，多多少少会有些迷茫，这时就需要家长协助孩子建立新的自我同一性，让孩子清楚自己的社会角色，理解自己的需要、理想和责任。所以，孩子成长的任何时刻，都需要家长高质量的陪伴。

小仪式

1. **每天完成一次高质量的亲子阅读。**阅读是心灵塑造最温和也最有效的方式。不论识字、情感感知的获得，还是科学常识的获取，都可以在阅读中得到充分满足。吉姆·崔利斯《朗读手册》上有这样一段话：“你或许拥有无限的财富，一箱箱的珠宝与一柜柜的黄金。但你永远不会比我富有——我有一位读书给我听的妈妈。”睡前15～30分钟完成一次高质量的亲子阅读，将成为你与孩子最亲密的沟通学习仪式。

2. **让孩子适度承担家务劳动。**让孩子参与家庭劳动，不仅能让他认识到自己是家庭的一员，也会培养他独立生活的能力，还会增强他的责任意识，为以后承担社会责任打下良好基础。

❖陪伴有助于孩子道德水平的提升

很多人可能会感到惊讶，孩子道德水平和父母陪伴还能产生关系？确实如此。我们所说的道德感和价值观是一个人自我认知的重要部分。我们所秉持的价值观会引导我们做出很多重要决定，而内心的道德感则能让我们知道如何对待别人，并预测别人会如何对待我们。每个人的道德准则告诉我们，自己具有怎样的权利和社会责任。

父母的陪伴对孩子道德发展具有重大的影响。社会心理学家研究发现，如果父母对待世界的方式是积极、友善的，那么在一个温暖、包容的陪伴情境中，孩子会对父母产生敬佩和模仿，从而学到父母身上那些美好的品质，在父母的关心和爱护中学会替他人着想。那些美好的道德信念，以及执行道德准则所需的道德勇气，被悄无声息地植入孩子的心底。

孩子渴望得到父母的陪伴和指导，所以，父母在为孩子提供积极的角色榜样的同时，还可以用清晰、理性的语言解释自己为什么去做那些对他人有利的事情。当然，在孩子因模仿而做出高道德水平的行为时，如果家长经常表扬和赞赏他，孩子就会做出越来越多的优良行为。

如果父母过于忙碌，忽视孩子或者给孩子过多的独立空间，会延缓孩子的道德发展。这是因为，忙碌的家长不能成为孩子的模仿对象，孩子就可能到外面寻找道德指导，于是在他人的引导下孩子很可能变得不懂是非，自私自利，缺乏自律，甚至走上歧途。

小仪式

学会照顾对方的负面情绪。任何人都会有负面情绪，孩子也一样，因此孩子和家长都要学会照顾对方的负面情绪。单纯的陪伴和适当的开解，会加强亲子联结，拉近亲子关系。因此，家长负面情绪产生时，不妨让孩子陪在自己身边，让孩子学着理解自己，这样的做法对培养孩子的情商也很重要。

❖高质量陪伴不等于包办和控制

我们所说的陪伴，绝对不是包办或者陪读。如今很多家长对孩子的生活学习全程参与、陪伴，甚至不惜牺牲自己的事业和家庭，可是并没有收到良好的效果，究其原因就是陪伴的方式不对。很多家长经常这样对孩子说：“你应该这样做，或者你应该那样做。”这其实在向孩子传递一个信号：“我不喜欢你现在的样子，你需要变成我认可的样子。”

家长这种控制型的教养方式，很容易激起孩子的逆反心理。我们要明白，人的天性是自由的，没有人喜欢被控制、被说教，不断地去纠正孩子的行为和习惯，只会招致孩子的反感和厌烦。所以，请收起自己的控制欲，放低对孩子的要求，珍惜上天赐予我们参与生命成长的机会，认可、包容孩子的一切，尊重孩子犯错的权利，鼓励他们探索世界，激发他们的梦想。陪伴，是让家长和孩子都能身心愉快。

小仪式

1. **给孩子一个郑重的承诺。**家长要和孩子做朋友，认真倾听孩子内心的感受，尊重孩子的各项权利，包容孩子的小错误，给孩子营造一个轻松愉快的成长环境，并与孩子共同成长。

2. **和孩子一起玩游戏。**亲子游戏是陪伴的最佳方式，它不仅有助于孩子认知能力的发展，还可以增强亲子之间的情感联系，让孩子在家长引导下学习社会性互动。

家人
为你提供人世间最宝贵的亲情

亲爱的宝贝：除了父母之爱，你还有其他家庭成员的疼爱，这些家庭成员都是你的家人，他们给你的疼爱称为亲情。亲情是人世间最宝贵的情感，不管发生什么事情亲情都不会发生改变。

京都动画*CLANNAD*有一句话感人至深：“即便分开，羁绊仍然是存在的，这就是所谓的家人。”

在词典里，家人是指家庭成员或具备家庭成员间的情感的相关人或事物。不过，这种解释未免过于冰冷和教条，既不符合中国文字之美，又不能体现中国人对家人那种浓烈真挚的爱。于是，聪明的古人用了一个词完美形象地诠释了家人的概念——骨肉。《管子·轻重丁》：“故桓公推仁立义，功臣之家，兄弟相戚，骨肉相亲，国无饥民。”骨和肉有血管、筋脉相连，难以分离，用这个词来形容家人血脉相连、感情深厚再合适不过。

中国人非常重视家庭和亲情，曾经有记者随机采访中国人和美国人，记者问："和社会对应的是什么？"美国人回答："个人。"而中国人回答："家庭。"中华民族传统的农耕生活使人们习惯了宗族群居，"孝道"的思维传统又让人们习惯了以家庭为单位的人际关系，久而久之家庭成为中国人固定的生活模式。中国人最基本的家庭单位为"核心三代"即祖父母、父母、子女。在这种家庭单位里，家长给予孩子无私的帮助和关爱，孩子也会把家当成坚强的后盾。家人是最重要和最亲密的伙伴，融洽的家庭氛围能让人放松心情，减轻压力，增强幸福感。

现代心理学上有一种家庭系统理论，这套理论认为，无论家庭有什么样的结构，它都是由相互依赖的成员组成的一个系统，系统中的成员以相互回应的方式影响他人，并且互动。一个家庭成员遇到事情会影响其他家庭成员，最后这些家庭成员又会给最初的那个家庭成员造成影响。所以，必须在支撑家庭亲密关系和满足社会环境的需求之间达到一种平衡。这样理论听起来有一些晦涩难懂，其实它表达出来的意思就是我们常说的：家人之间要相互扶持帮助，相濡以沫。

❖孩子想要什么样的父母

家庭成员中，最重要的应该是父母。在孩子成长的过程中，父母会对孩子产生巨大的影响。很多父母给孩子提供良好生活条件的同时，会要求孩子按照自己的意愿成长和生活，他们极少关心孩子想要什么样的生活，喜欢什么样的父母。心理学家调查发现，很多青少年希望父母：

“对我们做的事情感兴趣”；

“不要把我们当小孩子”；

“给我们很多爱”；

“接受我们的好和坏”；

“多和我们在一起”。

从孩子的需求来看，首先，孩子需要父母和自己之间有稳定的情感连接，并且这种连接能够给自己提供安全感。其次，孩子需要有自由和隐私，父母要给孩子一定的私密空间。这是心理自主性，如果这种自主性没有建立，那么孩子很难成为心理健康的成年人。最后，父母如果能温和地引导和帮助孩子，孩子将健康成长。

小仪式

学会倾听孩子的心声。在接纳的基础上，认真地倾听孩子的心声，做出孩子期待的回应，不仅可以和孩子建立亲密的关系，还有利于孩子的身心健康。

❖做兄弟姐妹是一种缘分

我们在前文中从不同方面探讨了孩子和父母的关系，接下来我们来讨论兄弟姐妹之间的关系。从血缘看，兄弟姐妹是父母血脉的延续，也是除父母之外和自己最亲近的人。中国人把兄弟姐妹称为“手足”，这个称呼和“骨肉”一样贴切生动。动画片《熊出没》里的熊大、熊二就很好地诠释了兄弟的定义，它们一起生活相互照顾，一起对抗经常砍树的光头强。

随着中国二胎政策的放开，越来越多的孩子有了弟弟或妹妹，兄弟姐妹之间可以相互陪伴，一起分享成长过程中的小秘密。年长的哥哥姐姐可能会承担一些照顾弟弟妹妹的责任，这种独特的体验可以增强他们的家庭责任感，同时哥哥姐姐也有可能成为弟弟妹妹的学习榜样，对弟弟妹妹的成长产生一定的影响。可是，兄弟姐妹相处过程中会存在一定程度的竞争，这就需要父母营造一个温暖的家庭氛围，尽量公平地对待每一个孩子。如果父母偏爱其中的一个孩子，会导致他的兄弟姐妹出现愤怒情绪，从而导致孩子之间冲突不断。

小仪式

让孩子抄写《诗经·小雅·棠棣》全文。耐心向孩子解释其中的寓意，并告诉孩子，只有笃厚的血缘情感才能无条件地给予扶持和帮助。所以，要珍惜兄弟姐妹之间的情谊。

❖祖父母无私地为家人提供庇护

在中国式家庭中，祖父母和外祖父母是非常重要的角色，因为大多数老人会无私地为整个家庭奉献自己，他们会积极地培养和照顾孙辈，甚至："为了孩子的幸福，长辈集结起来随时准备着。"于是，形成了独特的隔代教育。其实，隔代教育并不是我们国家独有的教育模式，西方国家的长辈们有时候也会给予年轻的父母支持，美国的奥巴马就是在外祖母的照顾下长大的。

有些人认为隔代教育存在很大弊端，老人会用一些落后的教育方法养育孩子，还可能过于溺爱孩子，于是主张父母自己来抚养孩子。这种论断有些片面，首先并不是所有的老人都会溺爱孩子，其次父母很可能不能像退休后的祖父母那样可以二十四小时陪伴孩子。其次，学龄期的孩子容易情绪化，祖父母、外祖父母的关心和爱护会使孩子缓冲自己的情绪。再次，祖父母、外祖父母在父母和孩子之间可以起到润滑的作用，尤其孩子在青春期阶段必然和父母会产生一定的冲突，祖父母和外祖父母可以在这时充当家庭的仲裁者，保护孩子平稳度过这个阶段。

小仪式

拍一组全家福照片。全家福这个词拆开来看是"全家"和"福"，也就是全家人一起享受幸福时光。三代人甚至四代人一起拍出一张团圆和睦的全家福，可以给我们带来很多力量，让我们更加珍惜亲情。

朋友

链接生命中的重要他人

亲爱的宝贝：朋友不是最先走近你的人或者认识最久的人，而是那个与你心意相通，帮你克服缺点，与你分担困难，分享喜悦的人。你要记住，朋友是你人生中最宝贵的财富。

爱因斯坦说：“世间最美好的东西，莫过于有几个头脑和心地都很正直的朋友。”

朋友是指在特定条件下，由双方都认可的认知模式联系在一起的，不分年龄、性别、地域、种族、社会角色和宗教信仰的，相互尊重、相互分享美好事物，可以在对方需要的时候自觉给予力所能及帮助的人。朋友是心理学概念上的重要他人。重要他人指在个体社会化以及心理人格形成的过程中，具有重要影响的具体人物。

最早出现“朋友”的文献是《周礼》：“五曰联朋友。”东汉经学大师郑玄解释：“同师曰朋，同志曰友。”只有具有共同的东西、兴趣、爱好、志向等才能成为朋友。在中国古代，人们非常重视朋友，“朋友”是传统社会的人伦关系之一。人伦是指人与人之间的道德关系，以君臣、父子、夫妇、兄弟、朋友为“五伦”。《周礼》视朋友之间的信任为人的优良品德之一：“六行，五曰任，谓信于友也。”意思是有六种良好的品行，第五种为信任，指的是对朋友的信任。战国思想家、哲学家孟子希望的人与人相处的行为准则是：“使契为司徒，教以人伦：父子有亲，君臣有义，夫妇有别，长幼有序，朋友有信。”

古代人为了区分友谊的亲密程度，创建了很多不同的称呼。比如，心意相通的友谊可以称为“管鲍之交”。这是由齐国一对要好的朋友管仲和鲍叔牙的故事演绎而来。传说，两人曾经合伙做生意，分红的时候管仲总要多拿一些。别人为鲍叔牙鸣不平，鲍叔牙却为管仲分辩：“管仲不是贪财，而是他需要供养自己年迈的母亲呀！”管仲听后不禁感叹：“生我者父母，知我者鲍子也！”亲厚的友谊可以称为“鸡黍之交”，这个词语也是由一对朋友演绎而来。传说有一个名叫范式的人，他和汝南人张劭是朋友。一天，范式要回家乡，出发前和张劭约定两年后再来看望他，并登门拜见他的长辈。两年后，张劭请母亲杀鸡做饭等待范式。张劭的母亲觉得二人两年不通音讯，范式有可能已经忘记这次约会了，即使想起也未必赶得过来，因为汝南距离这里路途遥远。可是，张劭说范式是个守信的人，他一定会过来。张劭的母亲只好准备菜饭，没想到范式果然到了！比“鸡黍之交”更亲厚的是“莫逆之交”，指非常要好或情投意合的朋友，出自《庄子·大宗师》：“三人相视而笑，莫逆于心，遂相与为友。”最深厚的友谊应该是“刎颈之交”，指能够同生共死的朋友，廉颇和蔺相如由竞争对手变成了同生共死的好朋友，齐心为国效力，他们的关系就可以称为“刎颈之交”。

❖满足孩子情感归属需要，形成自我概念

孩子在成长过程中，主要和他人形成两种不同关系，一种是孩子和家长、老师等成年人形成的垂直关系，一种是孩子与同龄人之间形成的水平关系。垂直关系的成年人为孩子提供保护，而水平关系的同龄人之间的交流，会让孩子学会接纳和尊重别人，让孩子产生成就感和归属感。让孩子与同龄人一起玩耍，让其与别的孩子建立亲密的关系，有助于孩子身心健康。

三四岁的孩子经常把在一起玩或住在附近的孩子当朋友。这时孩子之间友谊的形成非常简单，他们会因对方有他喜欢的玩具，或者他不具备的能力就把对方当成朋友。8～10岁的孩子对朋友的观点变得复杂，他们会考虑朋友的个人品质和性格特点。如果友谊破裂，不能像之前那样通过玩耍就能修复，必须做出正式的道歉才能修复。

学会和朋友和谐相处，有利于孩子自我概念形成。一个孩子如果从小被父母疼爱、老师重视、朋友尊重，长大以后会自信阳光具备正常的社交能力。

小仪式

1. **鼓励孩子的社交行为。**给年幼的孩子解释什么是朋友，

什么是友谊。与孩子一起整理关于朋友的故事，让他们理解朋友的重要性。

2. **对孩子之间的“争执”和“纠纷”不要过分在意。**孩子之间的争执是不可避免的，父母不要过分担心孩子会“吃亏”。孩子和朋友相处的过程中，会逐渐学会处理冲突，家长只需引导孩子学会控制自己的脾气即可。

❖朋友能让青少年很平稳地度过青春期

青春期之前，孩子主要的情感依赖于父母，他们渴望得到父母的爱和支持，朋友对他们的意义只是拥有共同爱好的玩伴。可是到了青少年期，这一切将发生巨大改变，孩子的情感支持将从家庭转向朋友，他们渴望友谊就像是植物渴望阳光一般，他们非常需要与亲密的朋友分享情感、探讨问题和交流思想。而这种交流，能够帮助他们尽快成熟成长。另外，青少年在某个阶段会有不安全感和焦虑感，他们可以从朋友身上获取对抗这些问题的力量。不过，这个阶段孩子很容易受到不良人士的诱导，家长需要提高警惕。

小仪式

1. **对孩子交友给予原则性的指导。**家长要引导和鼓励孩子多结交品行优秀的朋友，给他们解释孔子所说的“益者三友，损者三友”的意思。不过，父母不要粗暴地干涉孩子结交朋友，更不要剥夺孩子选择朋友的权利。

2. **重视孩子亲密关系形成阶段。**9～14岁这个阶段是孩子亲密接触形成阶段。很多心理学家认为，如果孩子在这个时候还找不到亲密朋友，那么他到成年阶段也不会拥有交心的亲密伙伴。

❖理解并包容孩子的跨性别友谊

有些家长视“早恋”如洪水猛兽，更有甚者在幼儿园时期就指导孩子多和同性别的孩子玩耍。其实，学会与异性交往，达成异性社交是“青春期”最重要的社会目标之一。

在幼儿园时期，孩子寻找的只是玩伴儿，并不在意朋友的性别。在小学的时候，孩子们更喜欢和同性伙伴在一起，他们觉得同性之间的相处和陪伴很舒服，隐隐还很排斥和异性交往。可是到了青春期，随着性成熟，他们对异性的意识开始萌发，他们不但喜欢同性、同龄、同志趣的朋友，还渴望结交异性朋友。异性之间的交往会给他们带来不同的体验，甚至可能转化成爱和仰慕，这都是非常正常的。这个时候，家长应该鼓励孩子广泛交友，对孩子正常的异性交往不横加阻拦，保持一份平常心。

小仪式

1. **鼓励孩子和异性健康交往。**能够和异性正常交往是青少年身心发展健康的重要标志，能够和异性和睦相处对孩子未来的婚姻家庭和事业发展都有重要意义。因此，家长要鼓励孩子和异性健康交往。

2. **引导孩子学会照顾异性。**成长意味着克服以自我为中心，懂得照顾他人的感受，引导孩子学会照顾异性，会为孩子赢得良好的人际关系。

旅行

这个世界比想象中的更宽阔

亲爱的宝贝：古罗马思想家奥古斯丁说，世界是一本书，不旅行的人只看到其中的一页。你和我都需要旅行，尤其是你，因为旅行能够开拓你的眼界，而眼界将决定你的人生边界。

有一本获得诺贝尔文学奖的童话故事叫《尼尔斯骑鹅旅行记》，故事里讲一个小男孩名叫尼尔斯，他不爱读书，经常调皮，还会虐待小动物。有一次他捉弄了精灵，被精灵施魔法变成了小人。后来的一次意外让他骑上家鹅莫顿，跟着大雁开始了他的旅行。在旅途中，尼尔斯慢慢变了，变得宽容、勇敢、善良。他不但改正了自己的缺点，还会热心地帮助有困难的小动物，小精灵看他表现不错，又把他恢复了原样。

尼尔斯的改变得益于一场奇幻之旅。而人们对旅行的定义可谓是仁者见仁，智者见智，我个人最喜欢的诠释来自于一则偶尔看到的广告：

生命将引领你去向何方？

何为旅行？

旅行不只是一次出行，

也不只是一次假期。

旅行是一次过程，一次发现，

一次自我发现的过程。

旅行，不仅让我看到了世界，

更让我们看到了自己在其中的位置。

生命本身就是一场旅行。

可是，生命将引领你走向何方？

广告“走心地”将旅行的意义提升到生命本身。旅行的确非常重要，古人就非常喜欢旅行，他们将旅行称之为“游历”，出行前还要“卜行择吉”。“卜行择吉”这种风俗最早可以追溯到殷商时期用甲骨文问卜。徐霞客就特别重视问卜仪式，他去云南游历前不能决断走哪条路，就靠占卜选择了从广州出发，经贵州进入云南。发现商机的古代书商还专门发行了出行问卜的书籍，如《六十甲子逐日吉凶》《逐月出行吉日》等。

如今人们出行会上网找出行攻略，古代也有类似的出行攻略，不过古人把它们称为“游记”。“游记”是兴起于南北朝的文学作品，这类作品中不仅描摹各地的风景，还贴心地提供行程路线，有人把各类游记集结成册进行出版，得到了当时人们的追捧。明朝的王思任读了游记后心潮澎湃，立刻“投袂而起”，潇潇洒洒地收拾行李坐船游历去了。

古代的交通肯定不像现在这样发达，出门前要做好衣、食、住、行各方面的准备工作。那个时候没有天气预报，不能预知目的地的气候，也不能像现在这样随时购买需要的物品，于是要携带的物品会非常多。在古人游历的行李里不但要有各种薄厚衣服，雨衣、斗笠、被、枕、手巾、足巾、洗漱用具、剪刀、梳子、蜡烛、笔墨等，还要准备一些饼饵、茶叶、中药等。

解决了“衣”的问题，接下来就是“食”了。民以食为天，吃得好不好直接决定旅行质量。唐代起，酒肆食店逐渐兴起，打尖儿为旅人出游提供了极大的方便。《清明上河图》中招幌上写有“正店”二字的就是宋代酒类零售店，在这些店里既可以买酒喝，也可以吃饭。当然，很多有经验的古代游客，会将柴米油盐背在行李里以防万一。明朝文学家袁中道在《桃园游记》中记录了自己的一次“尬游”，由于“薪米渐不支”打道回府。

“住”的地方很多，官方住驿站，商旅住客栈，前不着村后不着店的时候有“民宿”，甚至连寺庙、道观也可以落脚。如果乘船，可以直接睡在船上，唐朝诗人张继有一次在船上难以入睡，便写了一首诗：“月落乌啼霜满天，江枫渔火对愁眠。姑苏城外寒山寺，夜半钟声到客船。”

旅行的着重点在于“行”，乘车、骑马、坐轿、乘船、步行都是常见的出行方式。如果没有特殊目的，很多古人都不会在意行路速度，甚至不提倡快走。行者还要有一点“细雨骑驴入剑门”的小资洒脱，或者“山一程又水一程”的风尘感，有人甚至觉得旅行越辛苦，成就感就越高。可是，如果真的着急，还可以乘坐“长途高速车”，《清碑类钞》里记述了一种称为“包赶程”的长途车，这种骡子拉车，既快又稳，适合长途。

❖旅行是健康的生活方式

现在的孩子被禁锢在钢筋水泥浇筑的高楼大厦中，他们抬头看不到星星，每天呼吸着汽车尾气和雾霾，娱乐方式是电视、电脑和各种新兴电子产品，高科技给我们带来便捷生活的同时，也带来了身体的不适。快节奏的社会让我们越来越难以达到健康的生活方式，同时越来越多的孩子身心开始出现问题。

为什么要旅行？为了带孩子体验不一样的生活方式，为了多和家人亲近，为了构建和谐的亲子关系。

旅行可以让孩子的眼睛从电脑等电子产品中解放出来，可以让孩子僵硬的肢体得到放松。走进大自然，和花草树木亲密接触，享受大自然带来的宁静和快乐，会让家人的身体得到舒展和滋养。更重要的是，旅行带来的不仅是身体舒爽，心情舒畅，还可影响人的情绪状态和行为模式。心理学家研究发现，经常旅行的人会拥有更稳定的情绪。所以，经常带孩子旅行能让孩子保持身心健康。

小仪式

1. **出游前一起制作旅行攻略**。旅游攻略的制作过程，就是对目的地环境文化了解的过程。和孩子一起安排行程，不仅可以让孩子了解目的地的风土人情，还可以锻炼孩子的计划能力，提升孩子对旅行的兴趣。

2. **拍摄有创意的旅行照片。**记忆是一个很爱“遗忘”的家伙，所以用影像记录下旅行的片段很有必要。教给孩子拍照的技巧，会让孩子更爱旅游。孩子长大后翻看小时候的旅游影像，也是一件很有意思的事情。

❖旅行让孩子渴望走得更远

阿拉伯民间故事集《天方夜谭》中有一个神话故事——《航海家辛巴达》。这个故事中的水手辛巴达是一个充满热情、勇敢无畏的年轻人，他与仗义行侠的壮汉杜巴、精通魔法的妙龄女郎梅弗和大智若愚的发明家费卢兹，怀着相同的理想，展开了征服七海的奇异旅程。有人问，为什么辛巴达每次探险后取得了巨大的财富还要继续航海呢？心理学的动机可以给出答案。动机是在目标或对象的引导下，激发和维持个体活动的内在心理过程或内部动力，具有激活、指向、维持和调整功能。它能推动个体产生某种活动，使个体从静止状态转向活动状态。

孩子出门旅行和辛巴达开启奇异之旅类似，都是从走出家门开始，便失去了平时的生活环境。孩子与辛巴达一样既享受旅行带来的快乐、新奇和刺激，又必须应对各种突发状况。这样独特的体验，会让孩子渴望走得更远。

小仪式

1. **准备一些实用的旅游小贴士。**“贴士”是英语“Tips”的音译词，是指“供参考的资料”或者“提醒、提示别人的信息”。准备一些实用的旅游小贴士，能给旅游带来极大的便利。

2. **旅行结束后让孩子撰写游记。**让孩子将旅行中的见闻和感受写出来，既能借此了解孩子的感受，又能锻炼孩子的写作能力。

❖旅行让孩子开阔视野，增长见识

宋朝有一位文学家叫作苏辙，他非常喜欢游历，他认为游历的好处是：“求天下奇闻壮观，以知天地之广大。过秦汉之故都，恣观终南嵩华之高，北顾黄河之奔流，慨然想见古之豪杰。”意思是：旅行可以开阔视野，增长见识。

我们如今这个多元化的社会比古代更有趣，世界各地的人们用不同的方式生活着。旅行可以让孩子接触不同民族的文化，感受不同的环境差异，以及不同的生活习惯。多样化的生活方式，会增长孩子的知识与阅历，帮助他更好地理解这个世界。

小仪式

陪伴孩子读经典文学游记。如果真的没有时间带孩子去旅行，那就陪孩子读一些经典文学游记。要知道，不是每个父母都有能力带孩子去周游世界，但父母可以把世界展现在孩子眼前。

婚礼

分享幸福，见证幸福

亲爱的宝贝：你见证了一对新人步入婚姻殿堂的幸福时刻，你在婚礼上看到了他们的灿烂笑容，尝到了他们的甜蜜糖果，吃到了他们的丰盛宴席。婚礼过后，他们二人将生活在一起，开始相互依偎、相互扶持，无论富裕或贫穷、疾病或健康，都将相亲相爱、不离不弃。

四岁的小侄女特别喜欢看动画片《汪汪队立大功》，有一集讲的是，汪汪队的狗狗们帮助一对举行婚礼的新人维修婚礼现场。她看完后躺在床上回味剧情，突然大叫一声："我也要结婚当新娘子！"

小侄女的妈妈笑着问："那么你要和谁结婚呢？"

小侄女说："汪汪队里的莱德队长（动画片里的主人公，一个精通科技的10岁男孩。他拯救了6只小狗之后，将小狗训练成了一组本领高强的狗狗巡逻队）。"

小侄女的妈妈笑道："莱德需要带领6只小狗帮助别人，所以需要很多狗粮。如果你要和他结婚，就要做好赚钱买狗粮的准备哦！"

小侄女问妈妈："为什么？"

"婚姻就是分担困难，分享快乐啊！"

婚礼是一种宗教仪式或法律公证仪式，与出生（满月）、成人礼、丧礼一起被称为人生仪礼。婚礼对于不同的新人有不同的意义，大多数新人举办婚礼的目的是为了获取社会和亲友们的承认和祝福，适应新的社会角色和要求，准备承担社会责任。几乎所有的民族和国家都有自己的婚礼仪式，而这些婚礼仪式代表了不同民族的世界观和人生观。世界上最古老、延续时间最长，影响最广的婚礼是儒教婚礼、印度教婚礼、基督教婚礼。不过，这三种婚礼发展出来的各种传统和习俗已经在现代社会失去了原始的象征意义。

婚礼，在中国原为"昏礼"，汉族一生礼仪冠婚丧祭中最重要的一种。《礼记》曾记载："昏礼者，将合二姓之好，上以事宗庙，而下以继后世也。故君子重之。"意思是，婚礼是缔结两个不同姓氏的家族交好。对上来说，可以侍奉宗庙祭祀祖先；对下来说，可以传宗接代、承继香火。因为重要，所以君子必须十分重视婚礼。

古代的婚礼流程非常烦琐，3 000多年前的周朝就已经有了一套完整的"婚聘六礼"，后来它与三书（即聘书、礼书和迎亲书）一起被合称为"三书六礼"。这套婚礼流程从此成为华夏传统婚礼的模板流传至今，后来还影响了朝鲜、日本、越南等汉文化圈的国家。不过，随着东西方文明的相互交融，现代婚礼既有东方婚礼的传统又融入了西方的一些元素。

西方婚礼和东方不同，由于古代欧洲一些国家是政教合一的国体，人们结婚必须到教堂接受神父或牧师的祈祷与祝福。后来，逐渐演变成新婚夫妇在宗教仪式下见证婚礼，在神职人员跟前许下盟誓，让婚姻赋予更深一层的神圣意义。

❖为什么成人要结婚

从进化心理学角度来讲，婚姻最开始是为了应对恶劣的自然环境和繁衍子嗣。在原始社会，人类还不太会使用大型工具，为了应对各种猛兽和自然灾害，人们需要群居，也需要繁衍后代，于是逐渐有了配偶的概念。随着生产力的提高，人类的生活环境逐渐变好，可是人们依然需要亲密关系来寻求归属感。面对生老病死自然现象，人们需要同伴的支持和理解；面对生活中的各种困难，人们需要同伴的陪伴和帮助；面对生活中的各种喜事，人们又需要同伴的分享。所以，婚姻不仅是生命交集的起点，更是彼此扶持的见证，让成年人的生命因为陪伴而变得完整充实。

小仪式

1. **带孩子参加一次婚礼。**告诉孩子，他是在见证一对新人步入新生活的历史时刻。同时，引导孩子给新人诚挚的祝福，并引导孩子形成严肃的婚姻态度。

2. **如果主人有邀请，可以让孩子当花童。**当花童很可能成为孩子最难忘的经历，毕竟过了这个年龄，就不会再有这种机会了。事先了解仪式过程与负责项目，提早把孩子带到现场实际演练，会帮助孩子克服紧张的心情。

❖婚礼是非常重要的仪式

告诉你的孩子，仪式是典礼的秩序形式，可是秩序形势中倾注了情感才能称作仪式。

仪式让人们对爱的事情怀有敬畏之心，所以在婚姻正式开始之前非常需要婚礼这个仪式。不管贫穷还是富有，都应该举行一个圆满的婚礼。这个婚礼不用特别华丽，可是婚礼的每一个细节、每一项流程，每一个步骤，都要提醒男女肩负起家庭的重任，在未来的生活中要相互扶持。

小仪式

孩子普及婚礼各种仪式的含义。无论是中式还是西式婚礼，传承下来各种仪式都有深刻的意义和祝福，家长可以把这些仪式隐含的意思向孩子进行讲述。

❖让孩子理解“婚礼是一种契约”

现代婚礼多是在公开场合举行，婚礼看起来就像在公众见证下签订的“契约”。从社会角度来讲，婚礼是向社会宣布一夫一妻关系的确立。从家庭角度来说，男女之间的结合不仅仅是个人的简单行为，而是意味着两个家族成了姻亲关系。而从男女角度来说，婚姻是相爱的男女自愿建立契约关系，并在婚后的生活中同甘共苦。婚姻这种契约，是对一夫一妻制度的尊重，是对双方父母及亲属的尊重，也是对未来生活的尊重。

小仪式

给孩子树立正确的婚姻观和恋爱观。婚姻和恋爱是人生很重要的课程，进入青春期后，青少年会主动接近自己喜欢的异性，也有可能导致初恋的发生，这是很正常的现象。尊重、关心、理解孩子，与孩子加强情感沟通，逐步培养孩子对异性的正确态度，引导其把握与异性交往的分寸，让孩子避免因情感问题导致成绩下滑。

葬礼

对生命的尊重和对过去的放下

亲爱的宝贝：你的年龄和经历，可能还不能让你理解和体会亲人或朋友离开的那种痛苦和无奈。参加葬礼其实是一次情感的宣泄和告别，亲人或朋友虽然离开了我们，但是他的爱却会支撑着我们继续生活下去。

葬礼是人生最后一场重要仪式，也是最隆重的礼仪。在古代的礼仪中，有“礼莫重于丧”之说。别的礼仪可能一天或者几天就结束了，但是古代的葬礼可能会长达三年之久，而且仪式非常复杂。

葬礼起源于原始社会，那个时候原始人类开始有了灵魂的意识。他们淳朴地认为人是有灵魂的，即使肉体死亡，灵魂却不会毁灭，它仍然可以干预生前的人或者事，所以需要一个仪式来让灵魂得到安息，于是就有了葬礼。后来，葬礼逐渐演变成送别死者的最重要的仪式。我国传统葬礼制度可以追溯到周代，现存的《仪礼》里依然保留着《丧服礼》

《士丧礼》《既夕礼》和《士虞礼》四篇文章。孔子继承并发扬了周礼中的孝道观念。据传孔子有一个弟子宰我认为葬礼三年太久了，孔子批评他："予之不仁也！子生三年，然后免于父母之怀。夫三年之丧，天下之通丧也，予也有三年之爱于其父母乎？"意思是，宰我一点良心都没有啊！孩子生下三年之后，才能脱离父母的怀抱。为父母守孝三年是天下通行的丧礼。难道你没从父母那里得到过三年的爱护抚育吗？

中国传统葬礼以白色为主色调，所以又有"白事"的说法，和红事（喜事）相对应。中国不同民族和不同文化，造成了各地不同的葬法、葬式，也造成了不同的葬制。葬法和葬式受自然环境、生存形态的影响较大，葬制受社会形态、社会意识的影响更多。随着现代文明的相互融合，亲情、孝悌、道德、习俗、法律等，在葬礼中都得到了充分展示。

❖葬礼是传统"孝道"延续

中国的传统文化非常讲究孝道，孝道甚至是儒家的精神内核。这个"孝"可以概括成生养死葬，也就是老百姓俗称的"养老送终"。战国时期的文学家孟子曾主张："养生丧死无憾，王道之始也。"意思是，使民众养活生者，安葬死者，这是君主施行仁政的途径。由此可见，在古代安葬死者和奉养生者是一样的地位。

孩子可能还不能理解中国传统孝道和葬礼文化的内涵，家长可以这样告诉他："葬礼通过一定的仪式追念逝者，这种仪式既是亲人为了表达对逝者的缅怀和不舍，又是亲人寻求精神寄托和安慰的一种方式。所以，葬礼一定要庄严肃穆。”

小仪式

随同参加一次葬礼。印第安人认为，如果让儿童目睹一次葬礼，会让他的灵魂获得成长。参加葬礼是最直接的死亡教育，不仅能让孩子认识到生命的脆弱，还能让孩子学会珍惜生命。

❖葬礼是伤痛的一种宣泄渠道

人是生活在群体之中的，所以去世绝不仅仅是个人的事，它对原有的社会关系和社会结构都会产生影响。“逝者已矣，生者如斯”和“人死不能复生”的道理大家都明白，可是在情感上很多人还是很难接受这个现实。于是，举行葬礼既是告别逝者，割舍和逝者的联系，又是希望逝者能继续庇护子孙后代。这种看似矛盾的想法，其实也是亲人们矛盾心境的折射。

在心理学上有一个流派称为格式塔派，由奥地利和德国心理学家创立。格式塔派认为：人的心理意识活动都是先验的“完形”，即“具有内在规律的完整的历程”。生者失去了亲人必然会哀伤难过，葬礼的种种流程帮助生者理解和确认，承担起宣泄矛盾和痛苦的渠道，让生者合理地对逝者表达尊重和不舍，也让生者的哀伤得以释放、情感得以宣泄、过去得以放下，转移心理连接，修复社会环境中的自我。

小仪式

1. **引导孩子用独特的维度和视角体会生命的价值。**很多人忌讳谈论死亡这个话题，可是我们要明白，谁都会有死去的那一天。适当的死亡教育可以帮助孩子消除内心对死亡的恐惧，教会孩子生存与适应社会的能力，帮助孩子培养坚强的品格和积极的生活态度。

2. **引导孩子读古代三大祭文。**祭文是祭祀或祭奠时表示哀悼或祷祝的文章。韩昌黎的《祭十二郎文》、欧阳修的《泷冈阡表》、袁枚的《祭妹文》这三篇散文，被称为“中国古代三大名祭文”。引导孩子读这三篇祭文，带孩子感受文中浓浓的亲情。

❖适当对孩子进行死亡教育

有人认为不适合带孩子参加葬礼，其实不然，死亡教育其实很有必要。美国从幼儿园开始便会对孩子进行死亡教育，甚至会组织孩子参加葬礼。很多孩子有时会无端伤感，甚至有些孩子在四五岁的时候就会思考这些问题，他会想：“死是什么？我以后会死吗？死后会去哪里？”有一个小女孩想到这些问题的时候悲伤地哭了，因为她不知道，如果自己死了，爸爸妈妈该怎么办。

孩子在年幼的时候还不能理解生老病死的涵义，需要家长给予正确的引导。葬礼是对孩子进行生命教育、礼仪教育的好机会，父母带孩子出席葬礼，可借机对孩子进行生命教育。让孩子明白，生老病死是人之常情，也让孩子明白，世事无常要珍爱生命，珍惜陪伴在身边的亲人和朋友。

小仪式

观察植物的腐败过程。教育家提出：允许孩子们观看一些腐烂的“尸体”，如腐烂的水果。通过观察水果的腐败过程，可以帮助孩子理解生命体死亡的知识，也可借此消除幼儿对死亡的猜测和由此带来的恐惧。

肆

经典传承：领会传统文化精髓的魅力

京剧

蕴含中华民族某种与生俱来的气质

亲爱的宝贝：有一种瑰宝它传承了将近200年。它能一趟圆场几千里，四卒摇旗数万兵；它能表现形式浪漫化，意境尽现虚拟中；它能故事演绎高台上，教义默化娱乐中；它能与时俱进不守旧，改革紧跟现代风。它就是京剧。

“妈妈，我们看的是什么？”

“京剧啊！”

“妈妈，舞台上的姐姐们头上戴了很多花，穿的衣服好漂亮啊！”

“是啊！古代的时候没有相机，舞台帮助他们保存了当时的生活状态和服装样式，我们才能知道原来很久以前的女孩子打扮得这么漂亮精致。”

“妈妈，舞台上明明没有船，为什么他们要假装乘船呢？”

“这是一种虚实结合的表演手法。有了这种表演手法，舞台就是一个魔术师，能变成连绵万里的江山，也能变出千秋万载的历史。”

“妈妈，她们咿咿呀呀唱的是什么？”

“她们在唱一个好听的故事啊！”

“故事？故事里有国王吗？”

“当然有，这个故事讲述了一个叫作刘备的国王，他爱上了邻国的尚香公主，公主的母亲想要看看国王能不能给女儿幸福，于是在甘露寺举行相亲的故事。”

“妈妈，那边有人在拉小提琴呀！”

“宝贝，那不是小提琴，那是京剧表演用的乐器——京胡。”

京剧又叫皮黄、平剧、京戏等，英语称为“Beijing opera”。用胡琴和锣鼓等伴奏，以西皮、二黄两种基本腔调组成音乐素材，兼唱一些地方小曲调和昆曲曲牌。美国著名的舞台导演耐德·坎特评价京剧说：“中国人应该为自己国家拥有这样精美绝伦的传统艺术而感到骄傲。一个能创造这样灿烂文化的民族是伟大的、了不起的。”

目前，京剧的传统剧目约有一千个，常演的有二三百个，故事大多取自历史演义和小说话本，擅长演绎表现历史题材的政治和军事斗争。京剧角色的行当划分比较严格，早期分为生、旦、净、末、丑、武行、流行（龙套）七行，后归纳成生、旦、净、丑四大行，每一种行当内又有细致的进一步分工。生是扮演比较斯文的男性角色，旦扮演各种不同年龄、不同性格、不同身份的女性角色。净又称花脸，一般是扮演地位较高、性格耿直的忠臣良将或性格粗豪的男性角色。丑又叫小花脸，大多数角色通过服装和脸谱表达，有特定的谱式和色彩，突出人物的性格特征。京剧表演的四种艺术手法为唱、念、做、打，这也是京剧表演的四项基本功。“唱”是歌唱，“念”是念白，唱、念构成京剧表演艺术的“歌”。“做”是舞蹈化的形体动作，“打”是武打和翻跌的技艺，做和打相互结合，构成京剧表演艺术的“舞”。唱、念、做、打有严格的程序性，不同的角色行当有不同的规范和路数。一般的戏曲演员从小就要从这四个方面进行训练，必须有过硬的唱、念、做、打基本功，因为只有这样，才能更好地表现和刻画戏中的各种人物。

在世界剧坛上，中国戏曲、古希腊的悲喜剧和印度的梵剧并称为“世界三大古典戏剧”。随着时间的流逝，古希腊悲喜剧和印度梵剧几近灭绝，只有中国戏曲依然绵延着香火，延续并展现着古老的华夏文明。

中国戏曲源远流长，戏曲的起源最早可以追溯到秦汉时代。从先秦的倡优，到汉代的百戏，再到魏晋的歌舞、唐代的参军戏等，均蕴含着中国戏曲歌舞并重的基因和属性。宋代杂剧的出现标志着中国戏曲的雏形已基本形成。经过漫长的历史融合与衍变，中国戏曲在宋元时期已具有相对完备的戏曲艺术形式。成熟的戏曲，当属南宋时期的“永嘉杂剧”和元代出现的元杂剧。明清两代的传奇剧逐渐流行，正是在这种不断的新旧交替中，京剧延续和传承了中国古典戏曲的香火与精神。因此，京剧是在中国戏曲一脉相承的衍变和发展中形成的，京剧这个剧种的身上蕴含着太多中国古典戏曲的基因与属性，从这个意义上说，我们把京剧称为中国古典戏曲的“活化石”也是恰如其分的。

❖京剧帮助孩子形成民族认同感

京剧是我们的国粹之一，民族文化的精华。我们经常说的“民族”可以定义为一些具有共同特征的人群，它主要以“国别、语言和文化”来划分。华夏民族是我们亿万中国人的根脉，非常需要培养孩子的民族认同感，父母和媒体可以利用一些媒介向孩子介绍民族价值和历史底蕴。京剧等传统文化能够代表民族文化的精神思想和民族特征，完全能承担起媒介的作用。

有人会觉得，孩子还太小，进行民族文化教育还太早。这种认知非常错误，从小就让孩子接触民族文化，非常有利于孩子社交和学习能力的提高。7岁左右，绝大多数孩子会对自己的民族群体产生一定的认同感，他们会逐渐认识到民族身份不能改变。到了青春期，孩子会继续探索他们的民族认同感，通过所属的民族群体定义自己是谁，而这种认同感会让孩子变得自尊且自信。

小仪式

1. **从京剧中了解传统礼节。**多数京剧剧目会表现中国古代的社会生活，而且非常注重传统的礼仪和礼节。欣赏完京剧后，父母可以简单地向其讲述传统的礼仪，从而规范孩子的言行举止。

2. **让孩子从京剧中学习传统文化。**京剧大多以中国历史文化为背景，有一个习惯的说法为“唐三千、宋八百、唱不尽的三列国”。孩子欣赏京剧的过程中能够学习中国的传统文化，提高自己的文化素养，培养民族自信心和自豪感。

3. **给孩子听一些评书**。京剧和评书都是传统文化艺术，京剧是将故事在舞台上演出来，评书是把故事讲出来，一个讲、一个演，关系非常密切。给孩子听一些有趣的评书故事，有助于加深他们对京剧的理解。

❖京剧是传统文化魅力的切片

爱因斯坦曾说：“物理给我知识，艺术给我想象力，知识是有限的，而艺术所开拓的想象力是无限的。”作为国粹的京剧，很好地融合了中国古代的思想、文化、宗教等元素，并结合了歌舞、说唱、讲经、杂耍等诸多艺术表现形式。京剧和西方歌剧一样有动人的唱段，和芭蕾舞一样有漂亮的舞蹈动作，和话剧一样有大段大段的对白，和杂技一样有飞腾挪转，有和电影动作片差不多的画面感，又有喜剧的插科打诨，最厉害的是，它还把美学融了进去：服饰要精美——青衣广袖，凤冠霞帔；化妆要绚丽——五彩缤纷，精彩纷呈；唱腔要优美——字正腔圆，抑扬顿挫；甚至连转身的动作都要美到极点。可以说，京剧追求着中国传统文化美的最高境界。家长可以放心地让孩子去观赏京剧，培养传统的美学。

有人会问，孩子是否看得懂京剧呢？

那么孩子能不能看懂西方歌剧呢？能不能听明白钢琴演奏会呢？所

以，完全没有必要纠结孩子能否看懂京剧这个问题。孩子活泼好动、好奇心强，喜欢有趣的故事、独特的旋律、别致的动作、鲜艳的色彩。戏曲本来就起源于市井娱乐，让孩子听听锣鼓，听听京胡，看看五颜六色的舞台，看看武生翻跟头、舞枪弄棒，会让他觉得愉悦。让孩子欣赏京剧，本身就让孩子获得了美学体验。

小仪式

1. **带孩子看一些能呈现京剧之美的剧目片段。**家长可带孩子欣赏一些背景简单、容易理解、表达通俗或者是有趣的民间故事，如《白蛇传》《薛平贵》《杨家将》等。

2. **让孩子认识京剧脸谱。**京剧的脸谱是中国京剧艺术的表现形式之一，通过统一的视觉符号，向观众传递出戏曲人物的性格、年龄和忠奸、善恶等直观的信息。父母可引导年龄较小的孩子看脸谱颜色辨认性格，鼓励年龄较大的孩子寻找脸谱色彩和图形的特点，并鼓励他们试着用不同的材料制作脸谱。

3. **鼓励孩子学习京剧。**家长可以采取孩子喜欢的方式，让孩子在说说、唱唱、跳跳中感知京剧，获得更深刻的京剧体验。我们并不是培养艺术家或小演员，而是以京剧艺术教育作为载体，达到让孩子熟悉民族文化的目的。

❖京剧能帮助儿童树立道德准则

要想使孩子成为有道德的人，就要使孩子遵守社会规定的道德规范和行为准则。那么应该如何定义道德呢？其实，道德包含两种含义，一是“知”，即对是非善恶进行判断；二是“行”，即对道德理念进行具体实践。约瑟夫森伦理研究所在众多普世价值中，提出了六个核心道德价值，即品格六支柱：诚信、尊重、责任、公正、关怀和公民责任。如何对孩子进行道德教育，让他们认同并且遵守这些价值和规范是一直以来的难题。

我们可以借鉴古人的方法，在古代为了提升百姓尤其是孩子的道德水平，统治者鼓励用戏曲（尤其是京剧）宣扬日常生活需要遵循的道德准则。古代老百姓的主要娱乐方式就是看戏，戏曲里的故事承载着传统道德与价值观，也呈现了人们的理想与愿望。戏曲中的人物性格突出，忠奸分明，戏文也非常贴近普通人的理解程度和接受水平，因此有无数包含中华民族优秀传统文化，又包含最基本的道德荣辱观念的剧目流传了下来。比如，爱国为主旋律，激发人们抗御外侮的剧目：《文天祥》《杨门女将》《抗金兵》等；反对战争、渴望和平的剧目：《春闺梦》等；严以执法、不徇私情的剧目：《铡美案》《海瑞罢官》等；伸张正义的剧目：《赵氏孤儿》等。这些剧目里倡导的道德观念，至今仍然适用。家长可以陪孩子观看一些有趣的剧目，让孩子在欣赏戏曲的同时接受道德教育。

小仪式

1. **讲京剧里的故事**。京剧里的故事大多来自古典小说，既有故事性，又有趣味性，如包拯断案系列故事性并不比柯南、福尔摩斯等侦探小说差。京剧里的人物大多忠于国家，热爱民族，给孩子讲京剧里的故事，可以向孩子灌输民族传统文化和道德观。

2. **鼓励孩子学会移情**。学龄前的儿童就能理解人的情绪反应，所以家长可以让他们从道德类的京剧故事中学会移情。

中医
沾染传统文化和传统哲学的暗香

亲爱的宝贝：有一门古老又神秘的科学诞生在华夏大地，它脱胎于中国传统文化和传统哲学，在漫长发展过程中形成了自己独特的气韵和风骨，并在一定程度上庇护着我们这个民族，它就是中医。

《西游记》第六十八回唐僧师徒来到朱紫国，国王患病，群医束手无策。国王出榜招医，允诺只要有人治好他的病，就将国家平分一半给他。

孙悟空为了显摆本事，揭榜给国王看病，没想到国王觉得孙悟空相貌刁钻，不肯让孙悟空看病。

众官嗔怨孙悟空："不要这样粗鲁啊！"

孙悟空也很生气，说了一番话："医门法理至微玄，大要心中有转旋。望闻问切四般事，缺一之时不备全。我不望闻并问切，今生莫想得安然。”

在场的医生认为孙悟空说得在理，于是国王让孙悟空看病。孙悟空诊断后配制出了乌金丹，治好了国王的消化不良症。

齐天大圣孙悟空为朱紫国王看病使用的方法是中医里的“望闻问切”诊断法。“中医”是个专用名词，最早见于《汉书·艺文志》谚云：“有病不治，常得中医。”一般是指中国汉族劳动人民创造的，研究人体生理、病理以及疾病的诊断和防治等的一门学科。

中医把人体看成是气、形、神的统一体，通过“望、闻、问、切”四诊的方法，探求病因、病性、病位、分析病机及人体内五脏六腑、经络关节、气血津液的变化，并使用中药、针灸、推拿、按摩、拔罐、气功、食疗等多种治疗手段，使人体达到阴阳调和而康复的目的。

中医的产生可以追溯到原始社会。原始先民发现了一些可以解除病痛的植物，夏朝发明了酒，商朝出现了汤液，这些均可以提高草药的效果。春秋战国时扁鹊总结前人经验，提出“望、闻、问、切”四诊合参的方法，奠定了中医临床诊断和治疗的基础。秦汉时期，中国传统医学经典著作《黄帝内经》最终成型，在理论上建立了中医学上的“阴阳五行学说”“脉象学说”“经络学说”等学说，确立了中医学的思维模式，形成了中医药理论体系框架。东汉著名医学家张仲景的著作《伤寒杂病论》是中医史上第一部理、法、方、药具备的经典，后世学者研习中医必备的著作，他本人被奉为“医圣”。三国时期华佗创制“麻沸散”，开创了麻醉药用于外科手术的先河。唐代孙思邈提出的“大医精诚”成为中医药文化的核心价值理念。两宋时期，宋政府设立翰林医学院。明代李时珍的《本草纲目》，在世界上首次对药用植物进行了科学分类。清代中期以来，特别是民国时期，随着西方医学的传入，一些学者开始探索中西医药学汇通、融合。

中医对其他国家影响深远，唐代传到印度的药材有人参、茯苓、当归、远志等，被称为“神州上药”。公元1至5世纪，炼丹术传入阿拉伯国家。元朝《马可波罗游记》记载了大量中国药材被商人运往亚丁湾，再转运到北非的亚历山大等地的事情。明朝郑和下西洋，输出了大量的药材。《本草纲目》于17世纪传到日本和欧洲的一些国家，随后被选译或全译成日语、朝鲜语、拉丁语、法语、英语、俄语等文字，至今仍是国际上的重要科学文献。日本汉方医学、韩国韩医学、越南东医学等都是以中医为基础发展起来的。

❖中医有助于孩子了解和认同优秀传统文化

从某种意义来讲，中医庇护着我们这个伟大的中华民族。我们的民族有上下五千年的历史，在这漫长的历史进程中，民族历经很多次天灾、战乱和疾病，却能一次次转危为安，中医在其中发挥的作用不可小觑。

中医是中华优秀传统文化的重要组成部分，在发展过程中，它不断吸收其他学说的理念和精髓，儒、释、道三家对中医的影响非常深远。儒家的“中庸”讲究凡事有度、不偏不倚；而中医认为阴阳平衡，才是身体的最佳状态。道家的思想对中医也造成了很大影响，比如，要保持身体健康必须顺应自然，这种理论就是从道家的思想演变而来的。佛家名医耆婆的“天下物类，皆是灵药”论述，对孙思邈、李时珍等医药学家产生了重要影响。

我们让孩子了解和接触中医并不是让孩子学习望、闻、问、切等中医知识，而是让孩子接受中医药文化熏陶，从小养成起居有常、饮食有节的好习惯。

小仪式

1. **鼓励学前儿童吟诵中草药诗词。**家长可以推荐儿童吟诵辛弃疾的《满庭芳》、白居易的《采地黄者》以及叶天士的《药名四季歌》等。大一点的孩子，家长可让其阅读《本草纲目》等中医经典或中医文学作品。

2. **养一些简单易活的中药盆栽。**如果条件允许，家长可以种植一些普通的中草药，让孩子可以随时观察并照顾它们。不过，家长一定不要种植有毒性的中草药，谨防孩子误食，发生危险。

❖凝聚中华传统道德

一个优秀的中医不仅要有良好的医术，还要有高尚的道德水平。一人生病，全家担心，因此医生要将心比心，用良好的医术解除病人痛苦的同时，还要让病人及家属安心。明末清初有个著名的医学家叫喻嘉言，他为一个很穷的患者看病，这位患者既担心自己的病情，又担心交不起诊金，于是眉头一直紧锁。喻嘉言了解情况后，给他包药时在每包药里藏了一些银钱，并对他说："回家好好喝药，病好之后再交诊金！"患者回家煎药时惊喜地发现了药包里的银钱，他被喻嘉言这种贴心的举动感动了，很快就恢复了健康。

孩子的道德发展和认知发展一样，都遵循着一定的阶段规律。在他律阶段，孩子需要通过学习他人行为间接地学习道德行为，表现出亲社会行为。所以，让孩子了解古代扁鹊、华佗、孙思邈、李时珍、喻嘉言等名医的事迹，既可以让他们学习传统文化知识，又可以让他们增强道德感，培养亲社会行为。

小仪式

1. **为孩子讲述古代名医的故事。**家长可以为孩子讲述名医的故事，如《扁鹊见蔡桓公》、华佗为曹操治病的故事等，引导孩子感受名医神奇的医术和高尚的医德。

2. **让孩子理解“医德”的含义。**家长为孩子讲述名医的故事后，可以引导孩子说出“医德”的含义，医德就是以人为本、尊重生命。

❖让中医有趣且易于接受

中医和京剧一样博大精深，家长不要强行向孩子灌输中医知识。一味对孩子说天人合一、阴阳、五行、脏腑和经络等枯燥的中医知识，不仅会让孩子对中医丧失兴趣，还可能引得孩子反感中医知识。

孩子喜欢用他们熟悉的环境、熟悉的语言和熟悉的场景来体验中医，比如为什么要做眼保健操（讲解一些经络穴位知识）？为什么不能多吃冰激凌（介绍一些脾胃知识）？为什么要早点上床睡觉（讲解一些时令养生知识）？为什么要多喝热水（讲解气血变化）……这些知识更容易被孩子理解和接受，家长可以从生活习惯方面入手来培养孩子对中医的兴趣。

小仪式

1. **制作一些中药零食。**山楂糕消食健胃，芝麻糊通便润肠，金桔干预防感冒，这些简单的中药零食网上有教程，家长可以和孩子一起制作中药零食，并在制作过程中向其普及中医知识。

2. **给孩子推拿（按摩）。**当孩子出现咳嗽、不爱吃饭的情况时，家长可在医生的指导下为孩子推拿。小儿推拿是以中医阴阳五行、脏腑经络等学说为理论指导，运用各种手法刺激穴位，使经络通畅、气血流通，以达到治病保健目的的一种方法。孩子在推拿的过程中能够感受中医的神奇和有趣。

刺绣

穿针引线下几千年的中国风情

亲爱的宝贝：刺绣这门技艺蕴藏了古代女性的理想，颐养了古代女性轻灵秀丽的性情，代表了古代女性的勤劳和智慧。可以说刺绣是中国古代女性思想感情的载体，是一部活生生的中国女性历史。

小侄女读《红楼梦》时问："为什么林黛玉和贾宝玉吵架以后剪了荷包啊？"

小侄女的妈妈告诉她："那是因为荷包上面有黛玉的刺绣。古代的女孩子都很含蓄，不好意思直接表达喜欢和不喜欢，于是她们把自己的心事和梦想都用刺绣表达出来，一针一线都代表着她们的情意。林黛玉以为宝玉把自己送给他的荷包转送别人，便认为贾宝玉既不珍惜她的劳动成果，又不珍惜两个人的感情，于是一气之下剪了正在做的那个荷包。"

小侄女很感兴趣地问：“我可以学刺绣吗？学会以后我就可以绣一个东西送给我最喜欢的莱德队长了（动画片《汪汪队立大功》里的主角）。”

刺绣是将设计的花纹在纺织品上穿刺运针，以绣迹构成花纹图案的一种工艺。古代称“针黹”，属于“女红”的重要组成部分，古代的女孩子应具备的品德为德、容、言、功，所谓的“功”就是刺绣。刺绣不仅是中国农业文明时期参与人数最多的一项活动，而且它的影响力也十分惊人，中国古代社会中的等级、信仰、审美、生活习性等都与刺绣息息相关，甚至汉语里也出现了“如花似锦”“花团锦簇”“衣锦荣归”“锦绣肝肠”等美好词汇。

我们国家是世界上发现与使用蚕丝最早的国家，人们在四五千年前就已经开始了养蚕、缫丝。随着蚕丝的使用、丝织品的产生与发展，刺绣工艺也逐渐兴起。《尚书》记载，章服制度规定“衣画而裳绣”。周代《礼记》中说天子诸侯都有公室养蚕。收获蚕丝后把它们染成红、绿、玄、黄等色，以为“黼黻文章”（用不同色彩的丝线，在礼服上绣成各种图案）。在春秋战国时期，刺绣工艺渐趋成熟。目前传世最早的刺绣是湖南长沙楚墓中出土的两件楚国绣品。三国东吴孙权因军事需要，希望得到一个善于作画的人，可以把山川地势、行兵布阵之图画下来。丞相赵达将自己的妹妹赵夫人举荐给孙权，赵夫人认为图画容易损毁，于是将城邑和军营阵列的势态绣在丝帛上。

在唐宋时期刺绣获得了更大的发展，据《旧唐书·后妃传》记载：

“宫中供贵妃院织锦刺绣的工人多达700人。”永贞元年有一名叫虞眉娘的小女孩，十四岁的时候能在一尺绢布上绣出七卷《法华经》，每个字还没有米粒大。到了宋代刺绣和书法绘画艺术结合，董其昌《筠清轩秘录》记载：“宋人之绣，针线细密，用绒止一二丝，用针如发细者，为之设色精妙光彩射目。山水分远近之趣，楼阁待深邃之体，人物具瞻眺生动之情，花鸟极绰约谗唼之态。”充分说明宋代刺绣技艺的高超。明清是刺绣发展的黄金时期，刺绣艺术在这时达到了空前的繁荣和发展，出现了对后世影响非常之大的“四大名绣”——苏绣、蜀绣、粤绣和湘绣。

❖刺绣有利于孩子手脑发育

刺绣其实是一种手工，奥地利社会哲学家鲁道夫·斯坦纳曾说：“如果孩子在年幼时，学会用自己的手，为别人或自己做出既富有艺术性，又有实际用途的东西，那么他们长大后会很容易融入社会，并被他人接纳。他们将以一种合群而富有艺术性的方式去建立自己的生活，建立与他人的关系，他们的人生将因此而更加丰富。”所以，他开设的华德福学校几乎每个年级都有手工课，手工课的教学大纲是“越是通过活动四肢，发展手脚的灵巧和技巧来发展智力，孩子智力就会越好”。医学研究也曾经得出，大脑运动区的发展能够使手的动作更加灵活，每根手指的动作又都在刺激着大脑运动中枢的相应部位。大脑运动中枢和手指动作反复作用，可以形成手脑互动的良性循环，促进孩子大脑运动中枢的发育。

家长可以让孩子尝试练习刺绣，这不仅能够提高孩子的手部控制能力，还能促进孩子大脑运动中枢的发育，从而让孩子的手眼协调能力增强。不过，由于刺绣使用的针线有些尖锐，建议家长为孩子选择塑料针。孩子学习或者练习刺绣的时候家长一定要在一旁陪护，防止刺绣工具伤到孩子和他人的眼睛。

小仪式

欣赏刺绣作品。对于较小的孩子，不建议家长让其过早接触针线工具。家长可以让孩子欣赏各种各样的刺绣作品，熏陶他们的审美。

❖刺绣能促进孩子记忆与思维能力的发展

心理学把人的记忆分为形象记忆、逻辑记忆、动作记忆和情绪记忆等。在这些记忆中，动作记忆的遗忘率最低。手指动作的多次重复形成了动作记忆，所以让孩子练习刺绣有利于促进他们记忆与思维能力的发展。

在练习刺绣的过程中，孩子需要做很多工作，比如：观察、认识、想象、创造、操作等。另外，绣图的设计和选择，是一个由具象思维到抽象思维的过程，对于孩子记忆与思维能力的发展具有促进作用。

小仪式

带孩子去挑选刺绣作品。家长可以带年龄较大的孩子去绣品店挑选绣品，让孩子选择自己喜欢的绣品来练习刺绣。不过，对于年龄低于7岁的儿童，还是最好不要让其自己挑选绣品，因为7岁时孩子的抽象逻辑思维才会比较明显。

❖刺绣能够锻炼孩子的意志

刺绣在古代被称为“女红”，女子无论贵贱，都要练习。贫穷人家的女孩刺绣是为了生计，大户人家的女孩刺绣是为了陶冶情操。清代丁佩曾在《绣谱》中说：“然而闺阃之间藉以陶淑性情者，莫善于此。以其能使好动者静，好言者默，因只借慵惰息纷纭。一志凝神，潜心玩理。”意思是说刺绣是用来陶冶性情的。

我们说的意志在心理学上是指确立目标、支配行动、克服困难、实现预定目标的心理过程。刺绣并不是一件简单的事情，完成刺绣的过程，是一个不断克服困难的过程。因此，让孩子练习刺绣可以锻炼孩子的意志，让孩子做事更加专注和有恒心。

小仪式

家长和孩子一起完成刺绣。家长和孩子一起完成刺绣作品。刺绣作品是否美观并不重要，只要孩子能坚持绣一段时间，家长就应该对孩子加以肯定和表扬。

瓷器
火和石塑造出来的中国名片

亲爱的宝贝：“China”既是中国的英文译名，又是瓷器的英文译名。瓷器既是中华文明发展过程的一种特殊记载，又曾作为泱泱中华的使者和名片，它曾漂洋过海叩开了世界之门。

素胚勾勒出青花笔锋浓转淡
瓶身描绘的牡丹一如你初妆
冉冉檀香透过窗心事我了然
宣纸上走笔至此搁一半
釉色渲染仕女图韵味被私藏
而你嫣然的一笑如含苞待放
你的美一缕飘散
去到我去不了的地方

天青色等烟雨
而我在等你
炊烟袅袅升起
隔江千万里
在瓶底书刻隶仿前朝的飘逸
就当我为遇见你伏笔
天青色等烟雨
而我在等你
月色被打捞起
晕开了结局
如传世的青花瓷自顾自美丽
你眼带笑意

这首歌是方文山作词、周杰伦作曲并演唱的《青花瓷》，在第19届台湾金曲奖颁奖典礼上获得年度最佳歌曲奖、年度最佳作词奖和年度最佳作曲奖三项奖项。这首歌曲曾经传唱大江南北，也正是这首歌曲使得很多人对瓷器感兴趣。

有人会问，我们家腌渍泡菜的罐子是瓷器吗？

腌渍泡菜的罐子多为陶器，瓷器是由瓷石、高岭土、石英石、莫来石等烧制而成，外表施有玻璃质釉或彩绘的器物。虽然我们把陶器与瓷器相提并论而称为“陶瓷”，但其实陶和瓷是两种完全不同的东西。陶器的历史比瓷器要长久得多。在原始社会，人们发现泥巴晾干后加火一烧就变得坚硬起来，可以做成各种容器来存放食物，这便是陶器产生的初始。无独有偶，古埃及也曾烧制陶器。陶器的制作并不难，将黏土进行高温烧制即可形成，只是陶器有着先天的缺陷，厚重容易破碎。为了改造陶器的缺点，瓷器应运而生。

一般来说需要同时具备以下条件才能烧制瓷器：一是制瓷原料必须是富含石英和绢云母等矿物质的瓷石、瓷土或高岭土，二是窑内温度必须达到1 200℃以上，三是在器表施有高温下烧成的釉面。商周时期人们逐渐烧出一些初步达到瓷器标准，但又不够完善的器物，这些器物被称为原始青瓷。原始青瓷的烧造成功是中国瓷器诞生的标志，一部完整的中国瓷器史从此开始书写。中国真正意义上的瓷器，产生于东汉时期，工匠这时烧成了成熟的青瓷器和黑釉瓷。魏晋南北朝到隋唐时代，制瓷技术有了很大的提高。北宋的宋徽宗觉得雨后的天空很美，于是要求烧窑官烧制“雨过天晴云破处，这般颜色做将来”的瓷器。烧窑官研究了很久，终于烧制出来了。宋代出现五大名窑：汝窑、官窑、哥窑、钧窑、定窑。汝窑位五大名窑之首，以青瓷闻名于世，目前存世者不过数十件。官窑其实是国家官方窑口生产出的瓷器。哥窑是五大窑里面唯一命名比较怪的。北宋一对天才兄弟非常精通烧瓷，哥哥的窑厂叫作哥窑，弟弟的则叫作弟窑。钧窑创始于唐，兴于宋，色彩华丽夺目。定窑是五大窑里面唯一一个纯民间烧造的窑口。它烧制出来的瓷器薄地有光、润泽如玉。宋朝灭亡元朝建立，景德镇崛起。从明代起，各种彩釉瓷和彩绘瓷逐渐流行，清代是中国制瓷史上的集大成时期，制瓷水平达到了前所未有的高峰。

中国瓷器深刻而久远地影响着世界一些国家的政治、经济、宗教、民俗、文化等物质世界和观念世界。5世纪时日本天皇就派使臣邀请中国匠师前往日本传授制瓷技艺。10世纪初，朝鲜人学会了仿造中国青瓷的技术。埃及阿尤布王朝苏丹萨拉丁特别喜爱收藏中国瓷器，他统治地区瓷器贸易兴盛，一些欧洲人误认为埃及转销的中国瓷器是埃及特产，称中国瓷器为“萨拉丁”。11世纪末，高丽陶工仿照越窑青瓷烧成了青釉瓷器“高丽秘色”，达到了相当高的水平。16世纪龙泉青瓷在法国出现，由于一时找不到合适的语言称呼它，巧妙借用欧洲名剧《牧羊女》中女主角雪拉同所披的青色长袍来比喻，于是“雪拉同”成为青瓷的代名词。公元1717年世界外交史上发生了奇闻，奥古斯特二世与邻国普鲁士国王达成一项交换协议，用自己的600名骁勇的御林军将士换回了127件中国瓷器，中国瓷器显示了比“生命”还要昂贵的特殊价值。18世纪拉美一些国家还赋予中国瓷器货币的职能，向政府缴纳税金时可以使用中国瓷器。

❖瓷器帮助孩子传递文化价值观

社会化就是由自然人到社会人的转变过程，每个人必须经过社会化才能使外在于自己的社会行为规范、准则内化为自己的行为标准。在孩子社会化过程中，必然要积极构建自己的文化价值观。价值观的建立，需要有一定的载体和媒介，而中国的传统文化如书法、绘画、瓷器等不仅具有审美价值，还具有独特的传世价值，非常适合作为孩子价值观建立的载体和媒介。

可能家长会担心孩子不能看懂瓷器，其实孩子不需要看懂瓷器，他们只要觉得瓷器“真漂亮”“真精致”即可。

小仪式

1. **参与一次简单的陶艺制作。**陶器和瓷器是完全不同的东西，但它们又有相似之处，陶器的烧制需要的技术和原材料相对简单，所以家长可以带孩子去陶艺班参与简单的陶艺制作。

2. **参加瓷器文化鉴赏活动。**如果孩子对瓷器感兴趣，可以领他参加瓷器博物展览、拍卖会、讲座等，让他近距离地鉴赏瓷器；可是如果孩子对瓷器不感兴趣，也不要勉强他。

3. **准备一套精致的瓷器餐具。**精致洁净的餐具是对食物的极大尊重，不过购买精致的餐具并不意味着要花费昂贵的价格。精致洁净的餐具盛放的食物，轻而易举就会俘获孩子的心，因此家长准备一套精致洁净的餐具很有必要。

❖瓷器文化给孩子带来“伟大意识”的萌芽

孩子3岁的时候就可以凭借肤色分辨自己属于哪个群体，5岁就会萌发民族群体意识，7岁出现可靠的自我认同。民族认同感是个人承认和接受民族文化后所产生的归属感。因此，民族认同感需要靠民族文化来支撑。让孩子了解我们的传统国粹，让他们看看古代人使用的各种瓷器，让他们知道中国通过瓷器贸易征服过星辰大海，通过瓷器文化将历史与现在、中国与世界联系起来，他们自然而然地会萌生民族优越感。

小仪式

和孩子一起了解海上丝绸之路的路线和历史。“海上丝绸之路”是古代中国与外国交通贸易和文化交往的海上通道，而通过海上丝绸之路输出的最重要商品就是瓷器。在这段历史时期，中国同世界60多个国家有着直接的“海上丝路”商贸往来，这不仅带动了不同文化的交流与碰撞，还直接推动了世界的进步和发展。

❖塑造孩子对人类文明的参与感

Mojang AB和4J Studios开发的一款高自由度的沙盒游戏叫作《我的世界》，这款游戏一上线便得到了众多玩家的追捧。为什么这款游戏这么受欢迎？有游戏玩家分享体验时提到，因为这个游戏可以让自己随意发挥，想做什么建筑就做什么建筑，这种感觉实在是太美妙了。说得专业一点，这款游戏的成功就是满足了人们的创造欲望。人类的天性就是富有创造力，通过创造人类的生活变得越来越舒适。当然，孩子可能由于年龄的限制不能参与瓷器的创作，可是我们可以让孩子鉴赏瓷器，或者让孩子用绘画和文字来描绘瓷器。总之，家长可以让孩子充分发挥聪明才智，让其通过瓷器更深刻地了解中国历史。

小仪式

按照时间轴尝试手绘瓷器历史。这种手绘并不需要多少美术基础，只要孩子能画出瓷器在不同时间的形状和简单花纹即可。这项活动不仅可以让孩子了解中国瓷器的发展史，还能让他们体验瓷器发展过程中经历的各种变化。

武术
中华传统文化的瑰宝

亲爱的宝贝：有一种神秘博大的技艺流传了数千年，它从中华传统文化中孕育发展起来，蕴含着深刻的东方哲学，揭示了人与自然的客观规律，还表现出中国人特有的文化精神和审美观念，它就是武术。

中国武术是以中国传统文化为理论基础，以徒手和器械的攻防动作为主要锻炼内容，兼有功法运动、套路运动、格斗运动三种形式的体育项目。中国人将“习文”和“备武”并重，“习文备武君子之业也”意思是文和武都是君子修身养性的主要课业。

武术最早可以追溯到原始社会，当时的自然环境非常恶劣，猛兽成群。为了生存，人们学会了拳打脚踢、指抓掌击、跳跃翻滚一类的初级攻防手段。后来人们逐渐学会了制造和使用石制或木制的工具作为武器，并学会了一些徒手的和使用器械的搏斗捕杀技能。

原始社会末期，部落战争的频繁发生，进一步促进了武术的发展。相传炎黄时代，蚩尤部落勇猛善斗。他们头戴牛角，与人交斗时，善抓扭对方，用头顶触对方，使之不敢接近，后人称其为“蚩尤戏”。这项技能既可用于战场，又可用于平时演练，对后世对抗性项目的发展有一定影响。据史籍记载，大禹时期三苗部族多次反叛，大禹让士兵持斧和盾进行操练，让三苗部族的人观看这种“干戚舞”，三苗部族从此臣服。这算是一次盛大的武术自卫演练。商周时期，出现了很多有名的武学高手，其中商纣王“有倒曳九牛之威，具抚梁易柱之力”，就属于能徒手和猛兽格斗的高手。周代设“序”（类似于学校），把射御、习舞干列为教育内容之一。春秋战国时期，出现了铁器，剑的制造及剑道都得到了空前的发展。剑术在吴越两国十分兴盛。一位著名女击剑家被称为“越女”，她不但剑技出众，而且有一套技击理论。我们都知道楚汉之争时“鸿门宴”的历史事件，鸿门宴里项庄舞剑既是表演又是很巧妙的刺杀术。三国时期武将多喜欢用枪（也称为矛）。枪的穿透力强，攻击角度非常刁钻，有些人专门练攻击咽喉、头面这些铠甲最不容易护到的关键部位。《三国演义》里赵云使用的亮银枪和张飞使用的丈八蛇矛虽然有艺术夸张的成分，但的确能反映出枪的威力不可小觑。

隋唐时期开始推行“武举制”，选拔武艺出众的人才，所以唐朝习武的人非常多，就连文人都喜欢习武练剑。斐旻的剑术、李白的诗、张旭的草书被誉为唐代的“三绝”。宋朝虽然重文轻武，但是把武术作为表演内容，表演的武艺有使拳、踢腿、使棒、弄棍、舞刀枪、舞剑、打弹、射弩等，对练的叫“打套子”，有“枪对牌”“剑刀牌”等。

“十八般武艺”一词也出现在宋代的典籍之中。元朝时期，对于武器的管制非常严格，人们开始练习拳法。明朝时期，军旅武术流入民间而形成的民间武术，接受了中国儒、释、道传统文化的逐步渗透，不同风格、不同流派的拳派林立。很多武术家既是文学家又是武术家，他们著书立说，保留了珍贵的武学遗产。我们经常说的“绝世武学秘籍”多产生在明代，如戚继光的《纪效新书》、唐顺之的《武编》、俞大猷的《正气堂集》、郑若曾的《江南经略》、程宗猷的《耕余剩技》、何良臣的《阵记》、茅元仪的《武备志》、吴殳的《手臂录》等。清朝时期武术在民间已有广泛的群众基础，以地区分有南派、北派，以山川分有少林派、武当派，以宗教分有佛家的外功、道家的内功，以门类分有太极门、形意门、八卦门、迷踪门，还有长拳类和短打类。武术流派林立，象征着武术事业的兴旺发达。“中华民国”期间对“中国武术”简称为“国术”，中华人民共和国成立后仍沿用“武术”一词。

中国武术最早传到日本和东南亚一带。据记载，明代拳师陈元赟东渡日本，传授少林拳法，奠定了日本“柔道”的基础。目前朝鲜的跆拳道、泰国的暹罗拳、菲律宾的棍术都不同程度地受到中国武术的影响。

❖武术是有趣且传统的体育活动

我们的孩子非常需要户外活动和体育锻炼，因为运动可以改善孩子的身体素质、提高孩子的健康水平，同时也可以减少紧张，降低压力。武术讲究“手眼身法步”，习武不但能使孩子得到全身心的锻炼，在速度、力量、耐力、柔韧性等身体素质方面得到很大提高，而且能提高机体抵抗力和免疫力，纠正含胸、弓背等不良身体姿态，对孩子肥胖、消瘦、厌食等不良状态都有非常好的改善作用。每个孩子都有一个大侠梦，都会幻想自己是一个“武功高手”，让孩子练武不仅会帮助其圆梦，还能让他的身心得到很好的锻炼。

小仪式

1. **学习一些武术基本功。**武术并不需要任何基础和门槛，家长可以鼓励孩子学习一点武术基本功，增强身体的柔韧性和协调性。

2. **鼓励孩子读一些演义类古典小说。**中国武术和古典文学，是同根同源的共生关系。演义武侠、英雄传奇类的古典文学非常有趣。让孩子品读这类作品，既能让他加深对武术传统文化的了解，又能让其体会人性的多变。

❖从武术中领会“度”的精髓

“度”作为中国人经常提及而又充满哲学意境的一个字，在人们心中一直占据着重要的地位，甚至逐渐成为丈量世间万物合理与否的戒律与标尺。“度”在人与人、人与社会、人与自然、人与物质之间和谐共处奠定了基础和保障。“度”对中国武术有着严格的要求和指导，“止戈为武”就是“度”对武术的定义，它不仅是赢得战斗，而且是“拥有实力，不战而胜”，彻底解除由于“弱”而导致的战斗。我们让孩子了解武术的目的，就是让他们理解自强不息的武术精神。

我们可以让攻击性较强的孩子适当地接触一些武术。有人会问，攻击性较强，为什么还要学武？2～9岁，大部分孩子身体攻击概率很低，只有3%的孩子在这个阶段呈现很高的攻击性。适当让这些攻击性强的孩子接触武术，可以消减他们的身心压力，释放多余情绪。另外，传统武德多以仁义为准则，“习武先习德”，在武术教学中始终贯彻着武德教育。这样的教育可以指导孩子锻炼心性、学会克制自己的行为，让他们养成宽以待人、严于律己的优良品德。

小仪式

和孩子一起看《霍元甲》。霍元甲是爱国武术家的代表人物，在那个深受外强欺压凌辱的半殖民地半封建年代，他发扬中国武术，弘扬民族文化，振奋国人精神。家长可以让孩子从霍元甲的传说中体验传统武术的武德。

❖传统武术“拜师”极具仪式感

中华民族拥有五千年文明历史，素有“礼仪之邦”之称，讲究尊师重道，注重拜师礼仪。

“拜师”是学习传统技艺的头等大事。严格说来没有师承、没有师父就不算入门，行里的人认为“不是门里出身”，通俗地讲“不正规”。没有师父就等于“无源之水，无本之木”。“一日为师，终身为父”，在传统观念中，父和师具有同等重要意义。对于徒弟而言，拜师是仅次于结婚生子的人生大事，因为在古代，徒弟拜师以后会被写入本门武术传承谱系，成为某一门派某一代传承人。

武术界一向以“拜师仪式烦琐、师徒师承关系名分极严”著称于世。拜师者要想成为师门正式弟子，须经过师父的反复考验，符合条件、得到认可后，才可书写拜师申请，再得到师父和师兄弟们认可后方能举行隆重的拜师仪式。拜师者需在拜师仪式上向师父行过三拜大礼，呈上拜师帖（内有压帖礼）。师父及两名以上见证人在拜师帖上签字后，拜师者方能进入师门，成为师父的入门弟子。入门弟子又名嫡系弟子，最先进入师门的入门弟子称为大师兄，亦称开山弟子；最后进入师门的入门弟子称为小师弟，亦称关门弟子。未经过上述程序，向师父学过拳技且功夫较好，得到师父承认的，也是师门弟子，但只能称作记名弟子，不能称为入门弟子。不是入门弟子，也不是记名弟子，只是同师父学过拳技的，称为学员、学生或学徒。

经过上述一套烦琐严格的仪式，拜师者才终于进入师门成为入门弟子。拜师以后，有责任心的师父会悉心教导徒弟，甚至毫无保留地将江湖秘不外传的套路和功法传授给弟子。不仅如此，师徒之间还会建立起一种稳固的亲情关系，有的师徒关系会如父子一样。金庸武侠小说《笑傲江湖》里令狐冲被师父逐出华山派，那种伤心难过的心情就如被家人抛弃的孩子的感受。

拜师，对徒弟而言，为了学到别人学不到的东西；对师父而言，为了江湖之精华代代皆有传承人。因此，身为弟子要严守师训，承担起继承、传承和发扬本门武术的责任和义务，并以实际行动维护本门武术之尊严。

小仪式

了解传统的拜师仪式。让孩子了解民间学艺的拜师仪式是薪火相传的起点，也是中国传统礼仪的基本表现形式。

汉服
泱泱华夏礼仪之邦的象征

亲爱的宝贝：每个人都喜欢穿漂亮衣服，你可能想象不到，我们的祖先几千年前发明的汉服，不仅能够承载生活美学，更能影响无数中国人的生活方式。

中国又称“华夏”，这一名称的由来就与汉服有关。《尚书正义》注：“冕服华章曰华，大国曰夏。”《左传正义·定公十年》疏：“中国有礼仪之大，故称夏；有章服之美，谓之华。”所以汉服是华夏文明的一种象征。

汉服包括衣裳、首服、发式、面饰、鞋履、配饰等共同组合的整体衣冠系统，有礼服和常服之分。一套完整的汉服通常有三层：小衣（内衣）、中衣、大衣。从形制上看，主要有“上衣下裳”制（裳在古代指下裙）、“深衣”制（把上衣下裳缝连起来）、“襦裙”制（襦，即短衣）等类型。上衣下裳，是汉服中最基本、最古老的款式，象法天地。

汉服最典型的领型是“交领右衽”，就是衣领直接与衣襟相连，衣襟在胸前相交叉，左侧的衣襟压住右侧的衣襟，外观上表现为“y”字形，形成整体服装向右倾斜的效果。交领的两直线相交于衣中线左右，显出独特的中正气韵，代表做人要不偏不倚。如果说汉服表现天人合一的话，交领代表天圆地方中的“地”，“地”即人道，即方与正。而袖子为圆袂，即代表天圆地方中的“天圆”。

“汉服”一词的记载最早见于《马王堆三号墓遣册》：“美人四人，其二人楚服，二人汉服。”据严谨考证，汉服最早应该出现在殷商时期。西周时，服饰制度逐渐完善，并形成了以“天子冕服”为中心的章服制度。周代后期，由于政治、经济、思想文化都发生了急剧变化，特别是百家学说对服饰的完善有着一定的影响，诸侯国间的衣冠服饰及风俗习惯上都开始有着明显的不同，并创造了深衣。公元前221年秦始皇建国后，为巩固统一，相继建立了各项制度，包括衣冠服制。秦始皇常服通天冠，只着“玄衣纁裳”，百官戴高山冠、法冠和武冠，穿袍服，佩绶。秦汉时期的普通男子，主要穿一种宽衣大袖的袍服。这种袍服主要分为曲裾袍和直裾袍两类，除了祭祀和朝会以外，其他场合均可穿着。

汉朝是中国历史上重要和杰出的王朝之一。从这一时期开始，平民开始穿着精织服饰。汉代曲裾深衣不仅男子可穿，同时也是女服中最为常见的一种服式。这种服装通身紧窄，长可曳地，下摆一般呈喇叭状，行不露足，以显示出女性的文静与优雅。衣袖有宽窄两式，袖口大多镶边。衣领部分很有特色，通常用交领，领口很低，露出里衣。如穿几件衣服，每层领子必露于外，最多的达三层以上，时称“三重衣”。汉代的女子喜欢穿裙子，出现了一些裙子样式，其中最有名的是留仙裙。西汉的皇后赵飞燕善舞，有一天她穿着一件云英紫裙到太液池边翩翩起舞，忽然间狂风大作，她像风筝一样飘起来。宫女见状慌忙去抓她的裙角，赵飞燕的裙子被抓出了褶皱，而这种褶皱让她更添飘逸之感。从此，宫女们盛行穿折叠出褶皱的裙子，并美其名曰留仙裙。

魏晋时期，风流名士们崇尚自然、超然物外，姿容飘逸的魏晋风度也反映到了汉服上。这一时期的男子上自王公名士，下及黎庶百姓，都以宽衫大袖、褒衣博带为尚。女子长裙曳地、大袖翩翩，饰带层层叠叠，风格优雅飘逸。

由隋入唐，中国古代服装发展到全盛时期。政治的稳定、经济的发达、生产和纺织技术的进步、对外交往的频繁等因素促使服饰空前繁荣，服装款式、色彩、图案等都呈现出前所未有的崭新局面。这一时期的女子服饰，可谓中国服装中最为精彩的篇章，其冠服之丰美华丽，妆饰之奇异纷繁，都令人目不暇接。唐代女服主要有裙、衫、帔，襦裙是唐代妇女的主要服式。唐代女子追求美容美饰，化妆及配饰内容丰富，有发式、头饰、面妆、配饰等。女子发式以梳髻为主，或挽于头顶，或结于脑后，形制十分丰富。名目有半翻髻、云髻、盘桓髻、惊鹄髻、倭堕髻、双环望仙髻、乌蛮髻、回鹘髻等数十种。唐代男子在延续传统的交领、对襟汉服的基础上，多了新的款式，出现了幞头和圆领窄袖袍衫。幞头又称袱头，是在汉魏幅巾基础上形成的一种首服。唐代以后，人们又在幞头里面增加了一个固定的饰物，名为“巾子”。从众多传世图画看来，这种圆领窄袖袍衫是在非正式场合下流行的一种潇洒穿法，让袍子前面的一层襟自然松开垂下，形成一个翻领的样子。这也算向胡服中的翻领靠近，也确实达到了与胡服相仿的效果。用今天的话说，大概就叫显得洋气。品色衣至唐代已形成制度，平民多着白衣。

宋朝是一个在经济、科技和文化上高度发达的王朝。宋代服饰总体来说可分官服与民服两大类。官服又分朝服和公服。朝服用于朝会及祭祀等重要场合，都是朱衣朱裳，衬以不同颜色和质地的衣饰，还有相应的冠冕。公服是官员的常服，式样是圆领大袖，腰间束以革带，头上戴幞头，脚上穿革履或丝麻织造的鞋子。依照规定，凡有资格穿紫、绯色公服的高级官员，都必须佩戴用金、银装饰为鱼形的“鱼袋”。普通男子服装仍以圆领袍为主，官员除祭祀朝会以外都穿袍衫，并以不同的颜色区分等级。庶民百姓只许穿白色衣服，后又允许流外官、举人、庶人穿黑色衣服。宋朝的男装大体上沿袭唐代样式，一般百姓多穿交领或圆领的长袍，做事的时候就把衣服塞在腰带上，衣服是黑白两种颜色。女子以裙装穿着为主，但也有长裤。宋代妇女的穿着与汉代女子相似，都是上穿比较短小的交领小襦，下穿颜色淡雅的各式长裙，然后在腰间正中部位佩的飘带上增加一个玉制圆环饰物。这个饰物的作用，主要是为了压住裙幅，使女子在走路或活动时不会因裙子随风飘舞而影响美观，这也是史书所称的“玉环绶”。元朝时期长衣统称为袍，其样式南北方差异不大，但材料贵贱精粗却差距悬殊。

为重塑礼仪与民族自尊心，明朝全面恢复了汉族服饰的特点。明代服饰上采周汉，下取唐宋，整体效果仪态端庄，气度宏美，是华夏近古服饰艺术的典范。明代的章服衣冠更趋豪奢，织绣技艺迈向顶峰，文化内涵非常丰富。就连现在很多戏曲服装的款式纹彩，都采自明代。

❖汉服代表民族的审美情趣和道德

汉族服饰几千年来的总体风格是以清淡平易为主，讲究天人合一。汉族古代的袍服最能体现这一风格，这种袍服的主要特点是宽大。美丽的汉服充分体现了汉民族娴雅超脱、泰然自若的民族性格，以及平淡自然、含蓄委婉、典雅清新的审美情趣。

汉服最讲究“规矩”，以最典型的深衣为例，其形制必须符合“规、矩、绳、权衡”。深衣的下摆所用布帛共12幅，以应一年有12月之意，体现了强烈的法天思想。衣袖呈圆弧状以应规，交领处成矩形以应方，这代表做人要有规矩；深衣背部的正中间，有一条贯穿首尾缝合的线，叫作“中缝”，穿上汉服站直时，中缝垂直于地面，代表正直；下襟与地面齐平，代表权衡。让孩子穿上汉服，感受中国文化的博大精深。

小仪式

1. **给孩子试穿一次汉服**。每个小孩子都喜欢穿漂亮衣服，尤其是样式有趣的衣服。汉服既可以给孩子带来美的享受，又可以让孩子感受传统文化的滋养。

2. 重视**传统节日的习俗**。日本在重要的节日或庆典时，会换上和服以示郑重。其实，我们也可以在中国的传统节日，换上自己民族的传统服饰，重视传统节日的文化习俗。

❖从汉服中学习着装礼仪

我们的汉服从“黄帝尧舜垂衣裳而天下治”的衣裳发展而来，是汉民族传承四千多年的传统民族服装。汉服在华夏文化中，除了具有“避寒暑、御风雨、蔽形体、遮羞耻、增美饰”等一系列人类通行的实用功能外，还有着“知礼仪、别尊卑、正名分”等特殊意义。

汉服对各种场合的着装有着非常严格的要求，如《礼记》规定，父母健在的时候，孩子的冠饰衣缘不应该用白色。虽然现在没有这样严格的规定，但是教孩子学习着装礼仪依然很有必要。让孩子从小学会穿衣打扮，养成文明有礼的行为习惯，对他以后的社交很有帮助。

小仪式

学习中华传统礼仪。我国自古被称为礼仪之邦，“礼”是中华传统文化的核心要素，是一种寓教于“美”的文明教化方式，有着民族特有的人文传统。除了穿汉服，还可以让孩子了解和掌握一些传统礼仪，比如，要尊师重道、要尊老爱幼、要穿着得体等。

❖举行一次冠笄成年礼

据《周记》记载："男子二十即戴冠，女子十五即插笄。"加冠插笄标志着成年，而这种仪式也是中华民族传承了2 000多年的成年礼。如今很多高中都会组织成年礼，如果学校允许，家长可带孩子参加一次成年礼。成年礼的本质是个体角色的转化，是个体生命从少年时代向成人阶段的跨越。行过成年礼，就代表着一个人褪去稚嫩，完成了从幼稚到成熟的转变，从懵懂无知走向了明理懂事。

小仪式

给孩子举行一次成年礼。成年礼以神圣的仪式感严肃地提醒孩子，让孩子知道自己已然成年。从今往后，他们将褪去稚嫩，明白责任与担当，变得独立和自强。

美食

跳跃在舌尖上的中国

亲爱的宝贝："民以食为天"，在中华民族五千年的传承里，食物不仅让我们这个民族得以生存和繁衍，而且传递着非常浓重的情感寄托。我们对美食执着的热爱，以及对食材微妙的理解，形成了中华民族独特的美食文化。

中央电视台播出的美食类纪录片《舌尖上的中国》收视率非常高，它的成功绝不是偶然，从第一季到第三季，这个节目记录了中国各地的美食生态。通过中华美食的多个侧面，来展示食物给中国人生活带来的仪式、伦理等方面的文化；见识中国特色食材以及与食物相关、构成中国美食特有气质的一系列元素；了解中华饮食文化的精致和源远流长。这个节目通过美食讲述百味人生，用一种温和的方式讨论一个国家的变迁，很容易引起人们的共鸣。

我们说的美食指的是中餐，即中国风味的餐食菜肴。中餐与西餐不同，我们中华民族有上下五千年的历史，在传统文化教育中的阴阳五行哲学思想、儒家伦理道德观念、中医营养摄生学说，还有饮食审美风尚、地理环境、气候物产等诸多因素的影响下，形成了博大精深的饮食文化。中餐注重荤素搭配，重视药膳和进补，讲究五味调和。味是饮食五味的泛称，和是饮食之美的最佳境界。中餐既能满足人的生理需要，又能满足人的心理需要，使身心需要能在五味调和中得到统一。据不完全统计，中餐有鲁、川、苏、粤、闽、浙、湘、徽等菜系，有将近6万多种传统菜点、2万多种工业食品。

中国饮食文化历史源远流长，从50多万年前北京人用火烧烤食物开始，中华民族就开始了饮食文化的演变历史。新石器时代从燧人氏教民用火、伏羲氏教民驯兽、神农氏教民务农、轩辕氏教民文化等神话传说来看，先民烹饪活动具有文明启迪的性质。夏商周时期，出现了“五谷”（稷、黍、麦、菽、麻籽）、“五菜”（葵、藿、头、葱、韭）、“五畜”（牛、羊、猪、犬、鸡）、“五果”（枣、李、栗、杏、桃）、“五味”（米醋、米酒、饴糖、姜、盐），食物资源丰富，菜品质量飞速提高，出现了影响深远的“周代八珍”。周代八珍是周天子祭祀宴饮的美食，由2饭6菜组成——“淳熬”（肉酱油浇大米饭）、“淳母”（肉酱油浇黍米饭）、“炮豚”（煨烤炸炖乳猪）、“炮牂”（煨烤炸炖母羊羔）、“捣珍”（合烧牛、羊、鹿的里脊肉）、“渍”（酒糟牛羊肉）、“熬”（类似五香牛肉干）、“肝”（烧烤肉油包狗肝）。很难想象几千年前的古人就能做出如此美味的食物。

春秋战国时期，各个民族互相融合，在饮食文化上逐渐形成了南北两大风味。在北方，齐鲁两国烹饪技术比较发达，形成了中国最早的地方风味菜——鲁菜。鲁菜讲究原料质地优良，以盐提鲜，以汤壮鲜，调味讲求咸鲜纯正，突出本味。在南方，楚人统一了东南半壁江山，占有了“鱼米之乡”。“春有刀鲚，夏有鲥，秋有肥鸭，冬有蔬”。一年四季，水产畜禽菜蔬异常丰富，为烹饪技术发展提供了优越的物质条件，逐渐形成了苏菜的雏形。苏菜擅长炖、焖、蒸、炒，重视调汤，风味清鲜，浓而不腻，淡而不薄，酥松脱骨而不失其形，滑嫩爽脆而不失其味。

秦汉时期出现了两次厨务大分工，首先是红白两案的分工，接着是炉与案的分工。这有利于厨师集中精力专攻一行，提高技术。在烹调技法上，也比先秦精细。汉朝张骞出使西域后，相继从阿拉伯等地引进了茄子、大蒜、西瓜、黄瓜、扁豆、刀豆等新鲜蔬菜，增加了素食的品种。《盐铁论》说，西汉时的冬季，市场上有葵菜、韭黄、簟菜、紫苏、木子耳、辛菜等供应。汉魏六朝，筵宴昌盛。《史记》里的鸿门宴，《汉书》中的游猎宴，都写得有声有色。枚乘在《七发》中描述的宴席达到了极高的水平：“煮熟小牛腹部的嫩肉，加上笋蒲；用肥狗肉烧羹，盖上石花菜；熊掌炖得烂烂的，调点芍药酱；鹿的里脊肉切得薄薄的，用小火烤着吃，取鲜活的鲤鱼制鱼片，配上紫苏和鲜菜；兰花酒上席，再加上野鸡和豹胎。”

魏晋南北朝时期，油煎法问世，烹饪开始使用植物油；食源进一步扩大，改进了炉灶和炊具；调味品显著增加，菜肴花色品种增多，“胡风烹饪”（西域一带的烹饪技艺）独树一帜；出现不少面点小吃新品种，节令食品与乡风民俗逐步融合；餐饮医学理论逐步形成，膳补食疗渐受重视，出现了一批专门的饮食书籍。

饮食发展到唐朝，人们已不再单一追求饮食的食用功效，在保持饮食的主体功能的同时，更加注重饮食的艺术欣赏功能和养生保健功能。因此，唐朝的饮食不仅色、香、味俱佳，而且具有很高的艺术欣赏价值。菜肴的光洁透明的程度，是唐朝人判断烹调技术好坏的一个重要标准。因此，高级撰食习惯称为“撰玉”，肉白如雪的生鱼片称为“玉鱿”，档次较高的美酒称为“玉液”。唐朝著名的《酉阳杂俎》中曾有这样的描述：“今衣冠家名食，有萧家馄饨，漉去汤肥，可以瀹茗；庾家棕子，白莹如玉；韩约能作樱桃毕罗，其色不变，又能造冷胡突鲙、醴鱼臆、连蒸苲草獐皮索饼，将军曲良翰，能为驴鬃驼峰炙。”可见，当时的美食种类较以往已经非常丰富。唐朝厨师的刀工已经到了人工操作的极限，段成式《酉阳杂俎·物草》记载：“进士段硕常识南孝廉者，善研脍，縠薄丝缕，轻可吹起。”把肉切得如丝绸一样薄，像丝线一样细，出一口气就能把肉丝吹起来，即使今天的特一级厨师，可能也要甘拜下风。唐代诗文特别多，唐朝的文人又大多嗜酒，因此唐朝的“酒文化”也别具一格。唐酒多以“春”为名，如李白诗“瓮中百斛金陵春”，杜甫诗“闻道云安鞠米春”，韩愈诗“且可劝买抛青春”，《国史补注》中的“荣阳土窑春”“富平石冻春”“剑南烧春”等。

经济的发展，使宋代食品业有了很大的进步。宋代饮食颇具特色，与前代相比，宋代百姓的饮食结构有了较大的变化。在宋代，饼作为一种主食，是百姓餐桌上不可缺少的一部分。宋代的饼并不像现在仅指经过烧烤加工而成的一种圆形食品。凡是用面粉做成的食品，都可叫饼。烤制而成的叫烧饼，面片叫汤饼，在笼中蒸成的馒头叫蒸饼。《水浒传》中的武大郎在街头叫卖时所喊的“炊饼”，指的就是馒头。蔬菜在宋人饮食中占有重要地位，人称“蔬亚于谷”。在宋代市民中，吃河豚成为一种时尚。有位诗人叫作梅圣俞，喜欢邀朋呼友来家里吃河豚。他在《河豚鱼》里写道：“春洲生荻芽，春岸飞扬花。河豚于此时，贵不数鱼虾。”除了河豚之外，鱼类和蟹类也在宋代市民中风靡一时。在宋代的食品市场上，清凉饮料也很受市民的欢迎。这时的饮料有甘豆汤、豆儿水、鹿梨浆、卤梅水、姜蜜水、木瓜汁、沈香水、荔枝膏水、苦水、金橘团、雪泡缩皮饮、梅花酒、五苓大顺散、紫苏饮、椰子酒等。这些饮料既美味解渴，又有一定的食疗效果。据说，生活在宋朝城市里的人幸福指数非常高，寻常家里都不开灶，早上起床可以买灌肺、粥饭之类的早点，中午去酒楼随便挑选菜品，店员的服务非常热情周到。《东京梦华录》记载：“凡店内卖下酒厨子，谓之‘茶饭量酒博士’。更有街坊妇人，腰系青花布手巾，绾危髻，为酒客换汤斟酒。”这些街坊妇人客串服务员，不仅把酒热好，而且只要客人酒杯一空立马给斟满。晚上到茶馆喝茶，不想喝茶的可以去夜市买各种糕饼、果品、肉食、羹汤等。

到了元朝，帝国的疆域发展到前所未有的广大，也带来了饮食文化的广阔发展。元代的宴会之风甚盛，这得益于元蒙古统治者对宴会的重视。蒙古贵族、官僚的宴会最著名的莫过于“许马宴”。按照蒙古的习俗，国家大事都在宴会上讨论决定。这时肉类仍以羊肉为主，主食大麦、小麦都可以磨粉和羊肉一起烹煮，面食中出现了“挂面”。元代从海外引进了蒸馏技术，应用到酿酒工艺中，当时称这种制法的酒为烧酒、白酒，其成了中国酒的一个重要品种。

明代非常重视饮食文化，出现了许多美食评论家，这些人不仅精于品尝和烹饪，也善于总结烹调的理论和技艺。明末清初的张岱，在他的《陶庵梦忆》里，用了不少篇幅记述了自家的饮食生活。清代初期的饮食习惯比较简单，大多保留满族传统，饮食原料、物料仍以东北特产的粮肉蛋菜为主，到了后来和汉族饮食文化相互融合，吸收了全国各地许多风味菜的特点，形成了汉、蒙古、回、满等族风味兼容的膳食。清朝时期宫廷盛宴中的满汉全席有冷荤热肴一百九十六品、点心茶食一百二十四品、计肴馔三百二十品。满汉全席既有宫廷菜肴之特色，又有地方风味之精华，同时展示了汉族与满族烹调的特色，实乃中华菜系文化的瑰宝和最高境界。

❖饮食之道和中国人关系密切

“吃早饭了吗？”这是中国人最普通、最常见的问候语。中国饮食文化博大精深、源远流长，在世界上享有很高的声誉。中国人不仅把吃理解成一日三餐，解渴充饥，吃中还往往蕴含着中国人认识事物、理解事物的哲理。中国人的生老病死，都和“吃”有关。一个小孩子生下来，亲友要“吃”红蛋，孩子周岁时要“吃”周岁宴，结婚时要“吃”婚宴，到了六十大寿，要“吃”寿宴。甚至有人离世，家人在葬礼完成后会设“解慰酒”，宴请出席葬礼的亲戚朋友，向他们表示谢意。可见，中国人十分重视饭桌前分享喜乐与悲哀。吃已经超越了“吃”本身的意义，中国人吃的不只是美食，还要借吃来表达丰富的心理内涵，获得更为深刻的社会意义。

吃是人与人之间情感交流的媒介，吃是一种别开生面的社交活动。一边吃饭，一边聊天，可以在餐桌上签订合同完成生意。朋友离合，送往迎来，人们都习惯在饭桌上表达惜别或欢迎的心情。可以说，饮食文化贯穿着我们的社会生活。

小仪式

孩子生日时为他举行生日宴。在孩子生日之前教他做贺卡，让他邀请小伙伴前来参加自己的生日宴会。为孩子准备各种营养美味的菜品，让孩子体验与伙伴欢聚一堂享受美食的美妙时刻。

❖饮食蕴含着传统文化的“礼”

中国饮食讲究“礼”，这与我们的传统文化有很大关系。生老病死、送往迎来、祭神敬祖都是礼。饮食礼仪问题可谓源远流长。《礼记·礼运》中说：“夫礼之初，始诸饮食。”礼指一种秩序和规范。座席的方向、箸匙的排列、上菜的次序……都体现着“礼”。据文献记载，至少在周代，饮食礼仪已形成一套相当完善的制度，特别是经任鲁国祭酒的孔子的称赞推崇而成为历朝历代表现大国之貌、礼仪之邦、文明之所的重要方面。

饮食礼仪为何如此重要呢？因为在餐桌上，你的所作所为，都被别人看在眼里，你的修养也表现在你的所作所为之中。虽然，如今的餐桌礼仪不像以前那样严格，不过还是应该注意一些小细节。比如，用餐前主动向客人、长辈送上纸巾，用餐时先让客人、长辈动筷子；应该夹靠近自己一侧的食物，不可挑三拣四；若是餐桌上有转盘，碰到有人夹菜时，应该停止转动转盘，待夹完菜之后方可转动；在等待的时候不可将筷子放入口中，在咀嚼食物的时候不要发出声音；如果要发表言论，应当将口中的食物吞下后再发言；与人交谈时，应放下筷子，避免在交谈激烈时挥舞筷子等。

这种“礼”的精神，贯穿在饮食活动过程中，构成了中国饮食文明的逻辑起点。重视起餐桌礼仪，不仅仅是为了提高自身修养，也是为了弘扬中华优秀的传统。

小仪式

培养孩子的餐桌礼仪。从哪些礼仪更容易看出一个人的修养？当然是餐桌礼仪了。我们在餐桌上，能从一个人的行为举止中推断出这个人从小接受的家庭教育，以及他家人的整体素养。因此，教给孩子基本的餐桌礼仪很有必要，拥有良好的餐桌礼仪会让他受用一生。

伍

文化魅力：
灵魂休憩的地方

西餐

接触西方文明和文化的开始

亲爱的宝贝：这个世界很大，除了我们中国，世界上还有很多个国家。我们希望你能够以开阔的眼界看待这个世界，以开放的心态对待各国的文化。当然，如果你想接触西方国家的文明、文化，可以先从西餐开始。

西餐是西方国家的餐食。我们所说的“西方”习惯上是指欧洲国家和地区，以及由这些国家和地区为主要移民的北美洲、南美洲和大洋洲的广大区域。西方人自己并没有明确的“西餐”概念，这个概念是中国人和其他亚洲人的概念。我们在刚开始接触西方饮食时还分不清什么是意大利菜，什么是法国菜、英国菜，只能有一个笼统的概念。当时我们就笼统地称其为“番菜”，“番”即西方的意思。现在亚洲的饮食文化中，如中国香港的茶餐厅、日本的西餐厅等，都融入了西餐元素，可是不提供全套的西餐，所以只能算西式简餐，并不是正规的西餐。

西餐一般以刀叉为餐具，以面包为主食，多以长形桌台为台形。正规西餐包括了餐汤、前菜、主菜、餐后甜品及饮品。由于欧洲各国的地理位置都比较近，在历史上又曾出现过多次民族大迁移，文化早已相互渗透融合，彼此有了很多共同之处。另外，西方各国主要信奉天主教、东正教和新教（只有很少一部分人信仰伊斯兰教），而这些教派都是基督教的主要分支，因此在饮食禁忌和用餐习俗上也大体相同。不过，如果仔细划分仍可分为法式、英式、意式、俄式、美式、地中海等多种不同风格的菜肴。最正式的西餐当属法式西餐，至今仍名列世界西餐之首。法国是世界三大烹饪王国之一，饮食文化非常悠久。相传16世纪意大利女子Catherine嫁给法兰西国王亨利二世以后，把意大利文艺复兴时期盛行的牛肝脏、黑菌（黑松露）、嫩牛排、奶酪等烹饪方法带到了法国。从路易十四开始，法国的饮食便世界闻名，在宴会鼎盛时期，餐桌上一次可上200道菜。蜗牛、鹅肝、龙虾、青蛙腿、奶酪、烤乳猪、奶油棱鱼、普鲁旺斯鱼汤、斯特拉斯堡的奶油圆蛋糕等，都是法国餐的代表。俄式西餐也很经典，这是因为沙皇俄国时代的上层人士非常崇拜法国，贵族不仅以讲法语为荣，饮食和烹饪技术也主要学习法国。不过，经过多年的演变，俄国逐渐形成了自己的烹调特色。俄式菜肴口味较重，口味以酸、甜、辣、咸为主，酸黄瓜、酸白菜往往是餐桌上的必备食品。

一顿正式的西餐，菜序复杂多样，各国的上菜顺序会略有不同，最恰当的组合为头盘+主菜+甜点。头盘Appetizers又叫开胃菜，有冷盘和热盘两种，由于是开胃小菜，所以精致小巧，味道偏咸和酸。常见的有：鱼子酱、鹅肝酱、熏鲑鱼、焗蜗牛等。汤（Soup）：和中餐不同的是，西餐的第二道菜是汤。一般分为清汤、蔬菜汤、奶油汤和冷汤。西餐的汤比较浓，不可以像中餐汤那样直接端起来喝，而要用勺子舀着喝。副菜（Side Dish）：一般作为西餐的第三道菜，通常是水产类、面包、蛋类和酥盒类的菜品，比较容易消化。主菜（Main Course）：当然是肉类和禽类了，常见的有牛排、猪排和鸡排。蔬菜（Garnishes）：多以沙拉的形式呈现出来，经常和主菜一起上桌，常见的有生菜、黄瓜、紫甘蓝、番茄、芦笋等。甜品或冰激凌（Dessert or Ice Cream）：通常有布丁、各种蛋糕、水果、冰激凌等。咖啡或茶（Coffee or Tea）：一杯热乎乎的饮品是西餐的压轴戏，可以帮助消化。正宗的西餐选用的是黑咖啡或是红茶。

❖适当了解西餐文化与渊源

研究学者经过长期的探讨和总结认为吃西餐应讲究以下几点。

第一，“Menu”（菜谱）。看菜谱点菜是吃西餐必不可少的程序。西餐菜谱被视为餐馆的门面，一般采用最好的材料做菜谱的封面，有的餐馆为了让菜谱显得精致，甚至用软羊皮打上各种美丽的花纹。点菜时不识菜名不要乱点，若点一堆汤或一堆肉，餐桌上单调不说，能否把食物吃完都是问题。如果没有把握，请侍者稍微做一下介绍或者推荐。

第二，“Music”（音乐）。一般的西餐厅会有乐队演奏一些柔和的乐曲，这里最讲究的是乐声的“可闻度”，声音要达到“似听到又听不到的程度”。

第三，“Mood”（气氛）。吃西餐讲究环境雅致、气氛和谐。桌台整洁干净，餐具洁净。晚餐灯光微微暗淡，可以有蜡烛，氛围要浪漫淡雅。

第四，“Meeting”（会面）。吃西餐的伙伴最好是亲朋好友或是趣味相投的人。吃西餐主要是为联络感情，不要在西餐桌上谈生意。

第五，“Manner”（礼俗）。既然是吃西餐就应遵循西方的习俗，勿有唐突之举。中国孩子用惯了使用筷子，对于容易喷溅的食物如意大利粉、带刺或骨头的肉，用西餐的刀叉会觉得对付起来有点难度。吃意粉时，可以参照电影《布鲁克林》艾莉丝女伴的现场教学，左手拿勺，右手持叉，在汤勺的帮助下，把通心粉缠绕在餐叉上送入口中。遇到有骨头、刺或核时，能用刀叉去掉的尽量使用刀叉。有细小的骨头需要吐出来时，千万不要直接吐到桌上。可以把餐巾打开，手拿着遮挡住嘴，叉子伸到嘴边，将骨头吐到叉子上。再将叉子上的骨头放入碟子靠自己的那一边。吃鱼时，用鱼刀沿着鱼背割下鱼肉，吃完上半面，用刀叉将鱼骨去掉放在盘边，再吃下层的肉，不要将鱼翻面。

在西方国家，所有和饮食有关的事都备受重视，因为它同时提供两种美学享受——美食和交流。让孩子学习西餐的餐桌礼仪，是让孩子尽情享受美食的基础。

小仪式

注重西餐礼仪。就座时身体要端正，手肘不要放在桌面上，不可跷足，与餐桌的距离以便于使用餐具为佳。餐台上已摆好的餐具不要随意摆弄。坐好后将餐巾对折轻轻放在膝盖上。

❖西餐桌前可以判断一个人的修养

我国是历史悠久的文明古国，几千年来创造了灿烂的文化，形成了高尚的道德准则和完整的礼仪规范，被世人称为“文明古国，礼仪之邦”。其实，西方国家也非常重视礼仪，电影《王牌特工》里，科林·费斯饰演的特工有一句话，“Manner maketh man”（人无礼，无以立），说的就是只有具备礼节和教养，人才能得以在社会上立足。

据考证，现代西餐的绝大部分礼仪和礼节，最早形成于中世纪的骑士时代，尤其是在当时的法国。后来，意大利文化融入法国，餐桌礼仪和菜单用语变得更为优雅精致，教导礼仪的著作亦纷纷面世。贵族们在赴约、切割食物、喝汤、吃面包、穿着服饰等礼仪上都做了约束，渐渐地，这些礼仪流传开来。如今的西餐礼仪已经简化了许多，但仍然保留着一些基础礼仪。让孩子掌握良好的西餐礼仪，不但可以让他专心享用美食，更会培养他谦逊有礼的好习惯。

小仪式

1. **讲究入座顺序。**英国传统顺序是男女主人坐在长桌的两头，客人男女错开坐在桌子两侧，男主宾和女主宾分别坐在女主人和男主人的右边。如果是非正式宴请，入座遵循女士优先的原则，男士应该请女士坐在自己的右边。如果只有一个靠墙的位置，应请女士就座。如果是两位同性进餐，靠墙的位置应该让给其中的长者。坐姿要端正笔直，不要用手托腮或将双臂肘放在桌上，不要靠椅背。

2. **学会餐具的摆放。**餐具摆放的一般规则是垫盘居中，左叉右刀，刀尖向上，刀口向内。盘前横匙，主食靠左，餐具靠右，其余用具酌情摆放。

❖最高礼仪规范是对他人的尊重

在电影《风月俏佳人》里，有位完全不懂就餐礼仪的年轻女孩薇薇安，她因为不会使用刀叉闹了笑话，老牌贵族莫斯先生为了照顾这位女孩，非常自然地做出了将蜗牛直接送到嘴里的举动，完美地化解了尴尬。这个行为表现了莫斯先生超高的智慧和修养。

归根到底，吃西餐是为了了解西方文化，享受美食。西餐礼仪不是法律，而是人们约定俗成的、互相尊重的一套行为模式，它的存在是让互相不了解的人可以避免误解和冲突，所以礼仪的核心是尊重。

小仪式

1. **教育孩子不要指责别人的动作不标准。**礼仪是对人的尊重，不是用来炫耀、彰显优越感的筹码。家长要让孩子学会包容和尊重，随时随地照顾他人的感受。

2. **让孩子比较一下中西餐的差异**。探寻文化和饮食的差异是很有趣的事情，让孩子探寻中西饮食文化的差异，接受多元文化观念，了解西方文化强调的个体独立性和中国文化注重的整体性。

花道

和植物平等对话

亲爱的宝贝：你不仅要学习尊重别人，也要学习尊重自然、尊重植物。因为尊重植物和自然的人，才会珍惜其他事物。通过敬畏花草，来敬畏生命，指的就是这个道理。

日本花道（ikebana），又称华道，指适当截取树木花草的枝、叶、花朵，艺术地插入花瓶等花器中的方法和技术。按照日本人的说法，花道不只是插花，更是求道。日本人很重视“道”，日语里的“道”有许多解释，除了接受汉语的影响，还有古代学科名称的意思。比如，学科中有“明经道”“算道”“音道”“书道”“纪伝道”“明法道”“阴阳道”“暦道”“天文道”“医道”，武类有“剑道”“柔道”“弓道”“空手道”，艺术类的有“茶道”“华道”“书道”，等等。花道、茶道与香道都是日本重视礼仪的传统艺术，并称为三雅道。

日本花道起源于中国隋朝的佛堂供花，随着日本的遣隋使小野妹子传入日本。花道并非植物或花型本身，也不是将花材进行简单堆积，而是一种情感的表达和创造。日本人非常重视从花草树木中发掘出重要的精神，并融入自己民族的文化和内涵，在日本有一句民俗：“作为一个日本人，如果你不认识很多的花，就不能被称为是一个绅士。”

日本花道的三大流派：池坊、小原流、草月流。池坊原意为池边僧舍，日本遣隋使小野妹子皈依佛教成为高僧，驻六角堂。由于居住在六角堂池畔的僧侣们朝夕去佛前供花，僧侣们又被称为“池坊”，所以这一称呼就成了日本花道的鼻祖。作为礼佛仪式的一部分，规定“立花”这个插花样式的准则，即使用窄口高脚瓶或细高花瓶。日本宽政三年，池坊插花术的开山祖专庆应邀为将军佐佐木高秀插花。几十枝鲜花插入金瓶，绚丽无比。专庆的池坊插花术也因此成名，池坊立花也成为花道界的主流派。

日本明治末年由小原云心创立小原流。云心自幼随父学习池坊的插花艺术。随着西洋花的栽培和西洋建筑的增加，循规蹈矩的传统花道受到冷落。为顺应发展，随父亲学习池坊花道的小原云心于日本明治末年创立了有重量感、重心偏低、描写自然景观的盛花样式。在原来所有传统造型里，花枝都是从同一个点伸出去，而小原云心使用了各种各样的支撑物来降低重心，为插花艺术增添了时代感，小原流的诞生也是日本人学习外来文化的反映。

草月流由勅使河原苍枫创立，是第二次世界大战后兴起的新流派。草月流派突破传统的形式，提出自由地使用花器、自由处理素材的新理论。草月流派着眼于现实生活，将西方的艺术观点融合于插花艺术之中。铁丝、塑料、玻璃、石膏等，均可成为草月流派使用的插花辅助材料。尽管日本人对草月流派的评价各不相同，但它仍然是有实力的花道流派之一。

❖让孩子学会用花表达情感

花道并非植物或花型本身，而是一种表达情感的创造。因此，任何植物，任何容器都可用来插花，任何人都可能漂亮地完成插花。花道提倡天、地、人之间的统一和谐，注重人与自然的共生，蕴含着深厚的文化哲理。通过插花可以感悟人生，发现生活之美。

发达的网络为我们的学习创造了便利条件，网上资料一应俱全，家长可让孩子观看一些插花类的视频来培养孩子对插花的兴趣，也可以带孩子去花卉市场，让他认识各种花卉。等孩子对插花提起兴趣时，家长可以送他去插花班学习插花。让孩子学习插花，不仅可以提高他的审美，还可以锻炼其动手能力。

小仪式

1. **如果孩子感兴趣，可以让孩子学习插花。**培养孩子建立以植物为媒介的自然美学认知，引导孩子通过插花活动关注植物的不同特点与属性，培养孩子尊重生命、热爱自然的思想。

2. **可以让孩子看一些花道类的书籍。**我们不一定非要孩子成为花道高手，只要孩子掌握一定的插花技艺，具有一定的美学修养即可。插花是为了锻炼孩子的动手能力，让孩子可以静心地养护花草，使孩子成为一个心思细腻之人。因此，家长可以和孩子一起看花道书籍，学习和巩固插花方面的知识。

❖尊重花道礼仪

学花道，先学礼仪。在日本花道的第一节课，老师一般讲礼节：怎么跪在榻榻米上，怎么摆放相关物品，怎样与老师沟通等。日本花道规矩很多，学生跟了一个老师，就要一直跟下去，不能轻易转到别的老师门下。规矩，其实是修行的一部分。在花道教室，放一把剪刀都有严格的规矩。每个人都有个小袋子——装抹布、剪刀之类的东西，上课时抹布要放在自己身前侧方，剪刀用完要轻轻地放在抹布上。这些看似不起眼的细节，却是花道中非常重要的规矩和礼仪。这些礼仪绝对不是繁文缛节，而是对技艺老师的尊重。

小仪式

了解和尊重花道的基本礼仪。日本非常注重礼仪，尊重和了解花道的基本礼仪是学习花道的前提。面对世界各国文化和礼仪的差异，孩子应该既尊重本民族的文化和礼仪，又尊重其他民族的文化和礼仪。

❖真正的花道追求美

传统的日本花道是希望把花的美更长久地留下来，而不是用各种富丽昂贵的物品来堆砌。一枝花、一片叶，就可以插出一道赏心悦目的风景。很多日本花道大师的作品就用一种花或一枝枝叶来表达，真正做到了中国禅境“一花一世界”的要求。

据说，日本权臣丰臣秀吉在一次茶会上遇到了千利休，便有意刁难他。丰臣秀吉命人端来盛满水的浅口大铁盘和一枝红梅，命令千利休把一枝梅插入盘中。按照常理，梅花是无法插进盘里的，千利休俯身拿起梅花，从容摘下花朵，于掌心揉碎，撒花屑于水面，然后将枯枝横搭于盘沿。清水、花瓣、枯枝、满室清香，这份华美，震撼了包括秀吉在内的所有人。

我们让孩子学习花道，是为了提高他们的美学修养，并让他们借此宣泄内心的欲望与情绪。另外，插花具有实用性、知识性和趣味性，既可自娱，又能娱人，能够带给人们喜悦与欢乐。

小仪式

1. **与孩子一起插花**。陪孩子欣赏花道作品，一起思考它需要用到的工具、材料、工艺等。家长陪孩子去花店买花，然后与孩子一起完成插花作品。

2. **善用闲置物品作为花器**。选花器时不必刻意追求器物，几乎任何物品都可用来插花，要善于利用身边的闲置物品。

书法
中国文化的基因图表和符号

亲爱的宝贝：有一门艺术最具有中国民族特色，占据着古典文化艺术领域的至高地位。简单的一撇一捺深深地植根于民族久远的血液之中，经过几千年的更迭发展，散发着弥久的醇香，它代表着我们民族的精神风貌和整体性格，它就是书法。

书法是中国特有的一种传统艺术。从狭义上讲，书法是指用毛笔书写汉字的方法和规律，包括执笔、运笔、点画、结构、布局（分布、行次、章法）等内容。从广义讲，书法是指文字符号的书写法则。换言之，书法是指按照文字特点及其含义，以其书体笔法、结构和章法书写，使之成为富有美感的艺术作品。

世界上各民族的文字，概括起来有三大类型：表形文字、表意文字、表音文字。我们的汉字是典型的在表形文字基础上发展起来的表意文字。距今八千多年前，黄河流域出现了磁山、斐李岗文化，在斐李岗出土的手制陶瓷上有较多的符号。这种符号，是先民们的交际功能、记事功能与图案装饰功能的混沌结合。这些虽不是真正的汉字，却是汉字的雏形。距今约六千年前，先民做出了类似文字的简单刻画的彩陶，这些符号已区别于花纹图案，把汉文字的发展又向前推进了一步，可以视为中国文字的起源。书法艺术的第一批作品不是文字，而是这些符号。这些符号虽然看起来很简单，但是已经具备了一定的美感，可以称为史前书法。

殷商时期的甲骨文是现存中国最古老的文字，也是古汉字一种书体的名称。因为甲骨文不是用笔写出来，而是用刀刻出来的，所以甲骨文的线条特别流畅有力，有着粗细、轻重、疾徐的变化，具有一定的节奏感。其线条比陶文更为和谐流畅，中国书法特有的线的艺术奠定了好的基调和韵律。后世规定的参差错落、穿插避让、朝揖呼应、天覆地载等汉字书写原则，在甲骨文上已经大体具备。金文为中国书法史上的又一丰碑。金文依附于青铜器，是商、西周、春秋、战国时期铜器上铭文字体的总称。文字线条粗壮有力，文字的象形意味也更为浓重。主要作品有：《天亡簋》《大盂鼎》《墙盘》《散氏盘》《虢季子白盘》。而《后母戊鼎》《散氏盘》《毛公鼎》最为著名，艺术成就也最高。随后出现了石刻文，即雕刻在石头上的文字，字体近于《说文解字》所载籀文，主要作品有：《石鼓文》《绎山石刻》《泰山石刻》《琅琊石刻》《会稽石刻》等。后世推崇书法艺术，书法大家的字，石刻极多，为中国独有的“国粹”艺术之一。

春秋战国时期，由于诸侯割据，书法呈现了百家争鸣的局面。北方的晋国流行“蝌蚪文”，吴、越、楚、蔡等国喜欢“鸟书”。鸟书的行文笔画多加曲折和拖长尾，看起来和鸟一样。春秋战国时期的金文已不似西周金文那种浓厚的形态，替之以修长的体态，显示出一种圆润秀美，如《攻吴王夫差鉴》。由于那个时期纸还没有发明，一般文字书写在竹简和丝帛上，留存的书法作品称为“简帛墨迹”。

秦始皇统一国家后，李斯统一全国文字，统一后的文字称为秦篆，又叫小篆。小篆从金文和石鼓文的基础上删繁就简而来，保留了石刻文的一些特征，字体优美，笔画均匀。李斯的主要作品有《绎山石刻》《泰山石刻》《琅琊石刻》《会稽石刻》，历代都有极高的评价。西汉出现了隶书，它的出现是汉字书写的一大进步，也是书法史上的一次革命，不但使汉字趋于方正，而且在笔法上也突破了单一的中锋运笔，为以后各种书法流派奠定了基础。为了书写简便，后来又出现了草书。草书在书法艺术的发展史上有着重大意义，它标志着书法开始成为一种能够表现书法家个性的艺术。

三国时期隶书开始由汉代的高峰地位降落，衍变出楷书，楷书成为书法艺术的又一主体。楷书又名正书、真书，由钟繇所创。正是在三国时期，楷书进入刻石的历史。三国（魏）时期的《荐季直表》《宣示表》等成为珍品。晋朝人爱书法到极致，王导离家避难的时候，将钱财抛舍到脑后，只把钟繇的《宣示表》缝在衣带之中，暗自发誓“帖在人在，帖亡人亡”。晋朝书法大家辈出，在书法史上最具影响力的书法家当属王羲之，人称“书圣”。他的《兰亭序》被誉为“天下第一行书”。

唐朝文化博大精深，达到了中国封建文化的最高峰，可谓“书至初唐而极盛”。盛唐时期书法追求一种浪漫忘形的方式，如“颠张醉素”（张旭、怀素）之狂草，李邕之行书。到了中唐，楷书再度有新的突破。以颜真卿为代表的楷书奠定了基础，树立了楷模，形成正统。至此中国书法文体已全部确定下来。宋朝的书法比较重视哲理性和意境表现，宋代书法家代表人物是苏、黄、米、蔡。元朝书法的核心人物是赵孟頫，他所创立的楷书“赵体”与欧体、颜体、柳体并称“四体”，成为后代规摩的主要书体。

到了明朝，很多皇帝都喜欢书法，明仁宗、明宣宗非常喜爱“兰亭”，明神宗自幼非常喜欢临摹王献之的《鸭头丸帖》、王羲之的《乐毅论》和陆柬之的《文赋》。皇帝的爱好导致了人们都追求板正整齐的楷书。清朝书法突破了宋、元、明以来帖学，用笔、用墨，以至章法都有新的创造，开创了碑学，碑学书法家重视表现个性的书法创作，形成了雄浑的书风。

❖书法是真正可参与的艺术

书法为什么千百年来被人们喜爱呢？

习文和写字是考查古代文人的一个标尺，不是毛笔随意写出来的字就是书法，用传统法度书写出来才是书法。虽然要用传统法度写，但是书法讲究的是“体”，各种体既有各自不同的规矩，又有与众不同的个性之美。汉字的方、圆、纤和丰全在于写字人的喜好。无论写得环肥燕瘦，都各有姿态。只要在“体”制里，写成什么样都可以。书法不需要名师，不需要经济支撑，不需要天分和传承，只要会写字就可以，所以它吸引着大众积极参与。所以，在孩子不反感的情况下，家长可以试着让孩子了解并练习书法。

小仪式

1. **引导孩子喜欢书法。**喜欢并不一定要马上练习，家长不要逼迫孩子学习书法，也不要过早地让孩子练习书法。在最初阶段，家长可让孩子翻看字帖，让他试着琢磨字体的结构。

2. **带着孩子认识文房四宝。**笔、墨、纸、砚是传统的书写工具，被古人称为文房四宝。大多数文房四宝既有实用价值，又有一定的观赏价值，家长可以让孩子了解笔、墨、纸、砚，并为其准备一套书写工具。

❖书法能够引导孩子形成“规矩”和规则意识

书法和很多传统文化一样，传达着中国人的宇宙观、世界观、人生观以及待人接物的态度。戏剧讲究板眼，诗词讲究格律，武术讲究招式，书法也有自己的规则。

中国书法是一种诉诸视觉的艺术形式，它最终以凝定在纸上的形态展现在大家面前，无论是悬挂墙上还是置诸案头，都是以一种静止的状态供人欣赏。

不过，好的书法作品却总是给欣赏者以动感。任何艺术品都是创作过程的物化，仔细寻绎，都有可能从其最终形式中找到运动过程的痕迹。然而，汉字书写过程的运动性质却是独特的：它具有明确的指向性，不能重复，不能反复。点画书写的起、行、收的各个环节，字形书写的笔顺以及章法安排的前后顺序，都有基本的规则和规范。点画的运动方向是任何一个接受过汉字书写基础训练的书写者都了然的。因此，书写者要想写出优美的书法作品，必须遵守这些要求。

我们在这个社会上生活需要遵守规则，孩子必须从小具有规则意识。理解并遵守规则，是融入社会的重要标志。

小仪式

1. **让孩子练习描红。**描红是我国传统的习字法，在印有红色字或空心红字的纸上摹写，是初学写字的最好训练方法之一。家长可以为孩子买一些字帖，让孩子练习描红。

2. **了解一些书写规则和规范。**有一句俗话“人生聪明写字始”，写字是了解书写规则的开始，这些书写规则不仅能够让人写出一手规范漂亮的字，而且能够培养人的规则意识。

❖书法是经典的民族符号

我们经常说文化，文化是一个群体（可以是国家，也可以是民族、企业、家庭）在一定时期内形成的思想、理念、行为、风俗、习惯及由这个群体整体意识所辐射出来的一切活动。文化决定了我们和孩子看待世界的方式，影响着我们和孩子日常生活中的行为和情绪。书法是传统文化最经典的民族符号，中国人对书写的情结、对书写的迷恋，在其他民族是极为罕见的。

书法与中国文化相表里，与中华民族精神成一体。中国文化的精神讲究天人合一、贵和尚中。这种强调整体和谐的思想，是肯定事物多样性的统一，主张以广阔的胸襟、海纳百川的气概，兼容并包，使社会达到“太和”的理想境界。书法的理想境界也要求和谐，但这种和谐不是简单的线条均衡分割，而是通过参差错落、救差补缺、调轻配重等艺术手段的运用，达到一种总体平衡。即中国文化“和为贵”的价值观，通过书法艺术的中和之美得到完美体现。因此，我们需要重视书法，传承文化，树立属于自己的文化自信。

小仪式

家长注重书法远比孩子喜欢更加重要。我们中国传统文化大多需要熏陶和浸染，家长自己练习或者注重书法会影响到孩子的兴趣爱好。家长对书法等传统艺术不了解，一味要求孩子认真练习，很容易引起孩子的逆反情绪。

茶
人情和文化的沟通交流

亲爱的宝贝；茶既能居庙堂之高，又可以处江湖之远；既能和文人雅士的琴棋书画诗酒相伴，也可以和百姓的柴米油盐酱醋相连。中国既是茶的故乡，也是茶文化的发源地。中国茶的发现和利用已有四千七百多年的历史。

茶是一种起源于中国的，由茶树植物叶或芽制作的饮品。茶中含有多种抗氧化物质与抗氧化营养素，多种维生素和氨基酸，对于清油解腻、增强神经兴奋以及消食利尿有一定的效果。茶按照加工工艺的不同可以分为以下几种：红茶、绿茶、黄茶、黑茶、白茶、青茶。最早的时候茶与一些其他的植物是作为祭品用的，后来有人品尝发现食而无害，便“由祭品，而菜食，而药用”，最终成为饮料。

中国是茶的故乡，也是茶文化的发源地。可是，中国何时开始饮茶，到目前为止仍然众说纷纭。唐朝陆羽根据《神农食经》“茶茗久服，有力悦志”的记载，认为“茶之为饮，发乎神农氏”，即饮茶始于神农时代。可是《食经》为伪书，尽人皆知，不足为据。《尔雅》有“苦荼”之句，世以《尔雅》为周公时作品，谬以为饮茶自周公始。汉代有正式文献记载，汉朝文学家司马相如和杨雄都喜欢喝茶，特地给茶做赋。茶以文化面貌出现是在魏晋，当时人们追求玄学，喜好老庄，高谈阔论之间饮酒助兴，出现了竹林七贤为代表的文士。可是，终日酒醉毕竟不雅，文士们一直在寻找酒的代替品，后来他们发现喝茶以后头脑清醒，更有助于清谈辩论，于是很多文士开始饮茶。晋朝中期，很多贵族追求奢侈荒淫的生活方式。为了抵制这种不良风气，一些有操守的文士喝茶倡廉。东晋时有一位太守叫作陆纳，他非常鄙夷没有意义的铺张浪费，认为客来，待之以茶就是最好的礼节，因此来客人的时候他就用茶水和鲜果招待。他的侄子非常不理解这种做法，觉得叔叔太小气，丢了家里的颜面，便擅自置办酒席。客人走后，陆纳狠狠责罚了侄子，认为他玷污了自己的家风。

大唐是中华民族的鼎盛时期，饮茶的风气已经颇为盛行，无论是上层贵族还是民间百姓都酷爱饮茶。大唐皇帝在六迎佛骨时，曾将一套价值连城的宫廷茶具奉献给法门佛祖。唐代还诞生了千古留名的茶圣——陆羽。陆羽是复州竟陵（今湖北天门）人，唐代宗曾诏他为官，但是他酷爱自然，鄙夷权贵，于是并未就职。陆羽喜欢与释皎然、颜真卿、张志和等名僧高士唱和往还，还做过一首《六羡歌》流传至今：

不羡黄金罍，不羡白玉杯。

不羡朝入省，不羡暮入台。

千羡万羡西江水，曾向竟陵城下来。

陆羽一生嗜茶，精于茶道，著写了闻名于世的茶叶专著——《茶经》。陆羽对中国茶业和世界茶业发展做出了卓越贡献，被誉为“茶仙”，奉为“茶圣”，祀为“茶神”。大唐是中华民族的鼎盛时期，随着唐帝国强大的国际影响和频繁的国际交往，中国的茶香、茶艺远播海外。另外，唐朝时来华的留学生和僧人很多，其中日本的留学生和僧人最多，日本僧人学成之后把茶苗带到了日本，自此日本开始种植茶叶。

宋代是中国文化史发展的最高阶段，也是茶文化发展的鼎盛时期。我国历来就有“茶兴于唐，而盛于宋”的说法。宋代茶文化兴盛，茶成为宋代上至帝王将相、下至乡闾庶民日常生活中不可或缺的饮品。宋太祖在宫廷中设立茶事机关，宫廷用茶已分等级。北宋太平兴国初年，朝廷派遣使臣在北苑刻制龙凤图案的模型，制成龙凤团茶专供皇帝皇后饮用。后来有一位茶叶大家叫作蔡襄，他在任福州转福建路转运使时，添创了小龙团茶。小龙团之后，密云龙、瑞云祥龙、龙团胜雪……茶叶越来越细嫩，茶饼越来越小巧，茶饼上的图案也越来越精致。“盖人家每日不可缺者，柴米油盐酱醋茶”，茶成了人们日常生活中不可或缺的物品之一。宋人笔记中有客来设茶的记载。王城东和杨亿是很好的朋友，王城东有一个十分贵重的茶囊，只有杨亿来才取出来具茶招待，其他客人绝对享用不到。所以王城东的家人一听要拿茶囊，就知道是杨亿来了。宋代时茶开始进入婚姻仪礼。婚姻仪礼中用茶，主要是取茶有不移之性：“凡种茶树必下子，移植则不复生，故聘妇必以茶为礼，义固有所取也。”在婚仪中，无论相亲、定亲、退亲、下聘礼、举行婚礼，都需用到茶。茶礼完全与婚礼相一致。现代婚礼中，给双方父母敬茶的习俗就来自宋朝。

元朝建立后，茶作为一种止渴、消食的饮料，非常受以肉食为主的蒙古人的喜爱。元朝中期诗人马祖常有诗云：“太官汤羊厌肥腻，玉瓯初进江南茶。”皇帝在饱食鲜美肥腻的羊肉后，习惯饮茶以促进消化。朝廷内还设有专门官员，掌管内廷茶叶的供需消费。最有趣的是蒙古创造出了具有蒙古特色的饮茶方式——加入酥油。酥油入茶的饮用方式后来流传到其他民族中，藏族等少数民族至今喜好喝酥油茶。

明清时期散茶的兴起，引起冲泡法的改变，唐宋模式的茶具也不再适合了。茶叶生产方式和茶叶饮用方式在这一时期发生了很大的变化，饮茶对人们的生活观念的影响也越来越明显。不少文人雅士留有和茶相关的传世之作，如唐伯虎的《烹茶画卷》《品茶图》，文徵明的《惠山茶会记》《陆羽烹茶图》《品茶图》等。古典名著《红楼梦》里能看出清朝贵族日常饮茶的方式和习惯，贾母要喝“老君眉”才不失身份，贾宝玉喝三四遍才出色的“枫露茶”；吃了油腻的生日宴要喝女儿茶（普洱茶），有时候着急可以茶汤泡饭；黛玉请客用龙井茶，妙玉招待黛玉、宝钗、宝玉喝茶，用的水是梅花上的雪水。茶既是钟鸣鼎食、诗礼簪缨之家的日用品，又是身份的象征。

明清之际，中国的茶馆作为一种平民式的饮茶场所，发展很迅速。人们在茶馆不但能够吃点心、水果，还能饮茶、听书，甚至能充当“纠纷裁判场所”。邻里乡间发生纠纷后，双方常常邀上主持公道的长者，到茶馆去评理。

❖饮茶也是一种精神追求

提起茶文化，有些人不免想到日本茶道。日本的“道”是指the way of life，即生活之道。所谓日本的茶道，就是通过茶学习体悟生活之道，追求“和、敬、清、寂”。中国是没有茶道的，因为“道”这个字眼在传统文化中是很神圣的，偏向形而上的哲学问题。中国人很少把什么东西称为道，对某人技艺最高的褒奖是“技近乎道”，而对某项技艺最多称为“艺”或者是“术”。

虽然中国没有茶道，但是中国人认为，饮茶是精神探索的过程，是精神享受、精神陶冶、直觉体悟的过程。中国的文人雅士都强调在茶事之中精行俭德，进行情操的培养。他们在饮茶过程中追求的是“和”，这与儒、释、道的传统文化理念是共通的。“和”源于《周易》中的“保合大和”，指世界万物都需要阴阳协调、五行调和。陆羽在《茶经》中曾详细描述他设计的风炉：风炉用铁铸就为“金”，盛制茶汤的瓷器为“土”烧制而成，炉中烧的木炭是“木”，木炭燃烧成“火”，风炉上煮的茶汤从“水”。煮茶的过程就是“金木水火土”五行相生相克并达到和谐平衡的过程。可见，五行调和是茶文化的精髓。

小仪式

1. **让孩子了解茶文化。**由于茶叶中含有咖啡因，孩子并不适宜饮茶。父母可以让孩子学习茶席布置、茶具摆放，识别各类茶叶，引导孩子了解博大精深的茶文化。

2. **让孩子适当吃一点茶食点心。**茶叶不仅可以冲泡，还可以制作成点心和菜肴。让孩子适当品尝一点抹茶面包、茶叶巧克力、茶膏糖等小点心，或者茶叶蛋、龙井虾仁等菜肴，有助于增加他们对茶文化的了解。

3. 让**孩子了解日本茶道和韩国茶礼。**让孩子比较日本茶道、韩国茶礼和中国茶艺之间的不同，并让其接纳这些国家的优秀文化。让孩子在热爱中国传统文化的同时，也热爱其他国家的优秀文化。

❖饮茶包含着人情礼仪

不论是喝酒还是饮茶，中国人都有一套特别的礼仪。相信不少人经常听到“从来茶倒七分满，留下三分是人情”的说法，可是为什么茶倒七分为宜呢?

首先，茶水倒七分满才不至于烫着客人，或洒到桌子及衣物上。其次，茶需要一遍遍品，一壶茶要平均倒好几杯，所以不可以一杯倒太多。另外，我们品茶时不仅喝茶汤，还要看汤色，闻茶香，茶水太满品鉴起来不方便。

茶水倒得七分满在生活中也同样受用，正所谓“满招损，谦受益”，为人处事也当留余地。我们要教育孩子从“酒满茶浅”中领悟为人处世的道理，让孩子做事要把握分寸，说话要留有余地，为人要温和从容。

小仪式

1. **了解一些基本敬茶、饮茶、谢茶礼仪。**中国人习惯以茶待客，并形成了相应的饮茶礼仪。无论在什么场合，敬茶和饮茶礼仪都是不可忽视的一个环节，让孩子了解一些最基本的敬茶、饮茶礼仪，引导孩子学习优雅、稳重的仪态非常有必要。

2. **引导孩子阅读一些和茶文化有关的文学作品。**据统计，和茶有关的文学作品约占我国历来文学作品的15%，中国古典名著《红楼梦》里就有273处写到了茶。引导孩子阅读和茶文化有关的文学作品，既能提高孩子的文学素养，又能让他增强对茶文化的了解。

诗歌

深藏民族的根脉和魂魄

亲爱的宝贝：世界上很多国家有好看的童话、动人的传说、优美的儿歌，唯有我们中国有意蕴绵长又对仗工整的诗词宝藏。经过数千年唐诗宋词的浸润，我们中华民族有了自己独特的气韵。

诗歌是世界上最古老、最基本的文学形式，它是用高度凝练的语言，形象表达作者丰富的情感，集中反映社会生活并具有一定节奏和韵律的文学体裁。诗乃文学之祖、艺术之根。在中国古代，不合乐的称为诗，合乐的称为歌，现代一般统称为诗歌。诗歌就形式方面而言有格律诗、由诗、散文诗、民歌等；就音律方面而言，有韵诗和无韵诗两类；按表现内容划分，又可分为叙事诗和抒情诗两类。

中国诗歌的产生可以追溯到没有文字的远古时期。《礼记》中记载了神农时代的一首祭祀歌谣：“土，反其宅！水，归其壑！昆虫，毋作！草木，归其泽！”公元前11世纪至公元前6世纪的诗歌总集《诗经》，是中国第一部诗歌总集，它共收录了305篇诗歌，并按音乐的不同分为“风”“雅”“颂”三类。“颂”诗是统治者祭祀的乐歌。“雅”分大雅和小雅，多用于宴会的典礼。“风”是《诗经》中的精华，内容包括15个地方的民歌。春秋战国时期，楚国以其自身独特的文化基础，加上北方文化的影响，孕育出了伟大的诗人屈原。屈原以及深受他影响的宋玉等人创造了一种新的诗体——楚辞。楚辞打破了《诗经》的四言形式，从三、四言发展到五、七言。

到了汉朝，诗歌出现了一种新的形式——乐府民歌。“乐府”本是汉武帝设立的用来训练乐工、制定乐谱和采集歌词的音乐机构，后来人们就把这一机构收集并制谱的诗歌，称为乐府诗，或简称乐府。汉乐府语言非常朴实自然，特别擅长各种故事叙述，实现了四言诗向杂言、五言的过渡。汉末建安时期，“三曹”“七子”普遍采用五言诗形式，第一次掀起了文人诗歌的高潮。他们的诗作表现了那个时代的精神，具有慷慨悲凉的阳刚气派，后世把他们的风格称作“建安风骨”。

晋朝诗词早期多为玄体诗、游仙诗等，讲究形式，辞彩华丽，后期出现了山水诗和田园诗。田园诗代表人物为陶渊明，他的“采菊东篱下，悠然见南山”为后世文人筑起一个精神家园。南北朝时期是中国诗歌史上的又一发展时期，这一时期民歌总的特点是篇幅短小，抒情多于叙事。南朝乐府保存下来的诗歌有480多首，几乎都是情歌。北朝乐府最有名的是长篇叙事诗《木兰诗》，它与《孔雀东南飞》并称为中国诗歌史上的“双璧”。

唐代是中国诗歌史上的黄金时代，这一时期名家辈出，成就卓著。“初唐四杰”（王勃、杨炯、卢照邻、骆宾王）和陈子昂等诗人，为唐诗的发展铺平了道路。盛唐时期出现了两大诗歌流派：以王维、孟浩然等为代表的山水田园诗派，他们的诗歌风格清新自然；以高适、岑参、王昌龄等为代表的边塞诗派，他们的诗歌慷慨悲壮。李白、杜甫横空出世，被称为我国诗歌史上的“双子星座”。“诗仙”李白继承和发扬中国诗歌的浪漫主义传统，他的诗歌感情奔放，风格豪放。“诗圣”杜甫继承和发扬传统的现实主义精神，广泛而深刻地反映了唐王朝由盛转衰的时代风貌。

宋诗总体成就不如唐诗。但是，源于唐代的词却在宋代发展到了鼎盛时期。词是诗的别体，是配合宴乐乐曲而填写的歌诗，词牌是调子的名称，不同的词牌在总句数、句数，每句的字数、平仄上都有规定。词有豪放派和婉约派之分，豪放派词人的代表人物有苏轼、辛弃疾等，婉约派词人代表人物有李清照、柳永、姜夔等。元代北方少数民族乐曲传入中原地区，出现了一种配合当时流行曲调清唱的抒情诗词——散曲。散曲是宋词的俗化、一种雅俗共赏的新体诗，有小令和套数（套曲）两种基本形式：小令是单支曲子，套数是由两支以上属同一宫调的曲子依次连缀而成的。

明代诗歌是在拟古与反拟古的反反复复中前行的，没有杰出的作品和诗人出现。清代诗词流派众多，但大部分作者没能摆脱拟古主义和形式主义的套子，难有超出前人之处。到了近代，诗人开始在吸取中国古典诗歌、民歌和外国诗歌营养的基础上，开始探索和创造新诗的表现方法和艺术形式，并使新诗成为中国现代诗歌的主体。

❖我们为什么要读诗词？

有些家长可能会说："读唐诗宋词有什么用，考试能加分吗？孩子有读诗词的时间还不如让他学会儿外语和数学呢！"的确，读诗词并不能让孩子的学习成绩立马提高，也不能让孩子的美学修养一下子得到提升。既然如此，我们为什么还要让孩子读诗词呢？

美国20世纪有一部励志电影叫作《死亡诗社》，里面有一段经典的台词非常适合回答这个问题："我们读诗写诗，并非为它的智慧，而因为我们是人类的一分子。人类充满激情。医药、法律、商业、工程，这些都是高贵的理想，是维生的基础。然而，诗歌、美、浪漫、爱情，这些才是我们生存的原因。"

在希腊语中，诗歌有"被创造的东西"的意思。诗歌可以让我们了解世界上被创造的事物，包括我们自己。而且，我们知道的诗歌越多，就越了解这个世界。

教孩子读诗，就是送他一个封存的礼物。

当孩子打开时，可能他已经长大成人，但是诗句带来的温暖和感动，却会随着年龄的增长和阅历的增加越来越浓厚。

小仪式

1. **让孩子养成朗诵诗词的好习惯。**诗歌不仅能培养情操，还能锻炼人的意志力和高尚的品格。通过诗词歌赋，我们可以窥见作者所处的那个时代，感受当时的历史文化。

2. **鼓励孩子整理诗词笔记。**每读一首诗，就鼓励孩子将诗词的背景、解释、作者介绍记录下来。诗人写出来的诗多是对自身的心境、感情、命运的记录。让孩子整理诗词笔记，有益于孩子对诗词加深理解。

❖背诵诗歌有助于孩子记忆力的培养

自然界所有物体在受到外界的作用时都会留下痕迹，人的大脑也一样。感知过的事物、思考过的问题、体验过的情绪、从事过的劳动都会在头脑中留下不同程度的印象，这就是记忆。现代信息加工理论认为，记忆就是人脑对外界输入的信息进行编码、存储和提取的过程。

每个人都有记忆，而且记忆能力各不相同，记忆对于孩子来说尤为重要。一般来说，刚入学的孩子，无意识记占重要地位，因此他们能记住一些自己并不理解的材料，比如，一些自己并不理解的诗词。诗词优美的韵律很容易引起孩子的兴趣，孩子会按照自己的理解和喜好背诵诗词。这种背诵看似机械而无意义，但是非常有助于锻炼孩子的记忆模式，培养孩子的注意力。

小仪式

背诵蒙学经典《千家诗》。蒙学是我国古代对幼儿启蒙教育的一个统称。《三字经》《百家姓》《千字文》和《千家诗》简称“三百千千”，这四本书是两宋之后私塾中普遍使用的启蒙读物。《千家诗》收录了125位作者的220多篇作品，非常富有趣味性。让孩子读《千家诗》，既可让其体验我国传统蒙学的魅力，感受数千年来孩子启蒙的声韵之美，又可陶冶情操，开阔视野，提高文学修养。

❖诗歌藏着“根脉”和“魂魄”

中国是一个诗的国度，几千年来祖先为我们留下了无数辉煌的诗篇，这些优秀的诗篇中藏着我们民族的“根脉”和“魂魄”。品赏诗词，我们可感受到中华民族传统文化中的那些至真、至纯、至美的元素，获得精神上的享受，增强归属感，并生发出身为中国人的自豪感。

也许有人觉得，孩子还小，不懂得家国情怀，微言大义。可是，正因为孩子还小，可塑空间强，我们需要把这些诗词歌赋记在他的脑子里。这样，随着他逐渐长大，他就能从读过的诗词中获得“腹有诗书气自华”的不凡气度，立下“修身齐家治国平天下”的宏伟理想，建立“天行健，君子以自强不息”的人生态度，得到“不以物喜、不以己悲”的高超境界。诗词造就他们的性格，陶冶他们的情操，为他们的未来指明方向。

小仪式

1. **和孩子一起读诗。**我们在以前的章节就曾经说过，家长喜欢传统文化，孩子受其影响也会喜欢传统文化。因此，与其要求孩子背诵诗词，不如和孩子一起读诗。家长和孩子一起读诗，既可以拉近亲子关系，又可以引导孩子树立正确的人生观。

2. **陪孩子收看文化益智类节目。**这几年出了几档不错的文化益智类节目，比如《中华好诗词》《中国诗词大会》《朗读者》等。家长可以陪孩子观看这些文化益智节目，培养孩子对中国传统文化的兴趣。